Kinetic studies of GPT isoenzymes
I & II
In Normal Human serum

Prof. Dr. sami A.AL-Mudhaffar

Yusuf G. Fadallah

Different forms of GPT and their Kinetic studies in normal human Serum.

Summary

A reproducible and simple chromatographic method with DEAE- Sephadex A-50, was used for the fractionation and separation of GPT from normal human serum.

It was until recently that the separation of human GPT isoenzymes I and II was achieved showing the presence of two distinct forms : a cationic isoenzyme eluted with phosphate buffer (0.02M, pH 7.2) and an anionic isoenzyme being eluted only by using a salt (0.2M NaCl) and is not affected by the buffer alone.

The two isoenzymes I & II obey Michaelis- Menton equation and the Km values for (+) Dl-alanine and α-Ketoglutarate, determined graphically, were 57.1 and 1.1 mM for isoenzyme I and 196 and 1.66 mM for isoenzyme II, respectively.

Substrate specificity towards different substrates was studied and isoenzyme I was more specific toward N-Glycyl-L-Leucinc than it is toward L-cysteine, L-asparagine and L-glutamate which is the case for isoenzyme II as well.

A Kinetic study, concerning the mechanism of action of isoenzyme I & II, was undertaken· and determined graphically. Such a study showed that both isoenzymes I & II obey the Ping-Pong BiBi mechanism assigned for transaminases·in general.

Introduction

The presence of isoenzymes had been reported for many enzyme systems.[1]

Using starch gel electrophoresis, two GPT isoenzymes were separated for rat liver, while only one isoenzyme was separated from rat brain,heart, pancrease, intestine, kidney and skeletal muscles.[2]

It was reported the presence of two different forms of GPT in rat heart, separated by gradient elution chromatography with DEAE- cellulose columns and an ascending sodium chloride gradient . Different forms of GPT were found in both cell fractions investigated (water-soluble rat heart extract and rat heart mitochondria), the first of which passed through the column without adsorption while the second was adsorbed by DEAE- cellulose and appeared in the eluate after treatment with sodium chloride.[3]

Orfanos et al reported the separation of two GPT isoenzymes from human serum using DEAE Sephadex A-50 by a simple and reproducible chromatographic technique in which case the ratio of anionic fraction to the cationic fraction was 1.3 while completely different ratios were obtained in pathological cases especially those involving liver damage[4]. In this work, it is the method of Orfanos et al, being used for the separation of human GPT isoenzymes I & II from serum.

It had been reporeted that the relation between GPT activity and any of its substrates whether alanine or α-Ketoglutarate, obeys hyperbolic kinetics[5].

Km values for alanine and α-Ketoglutarate differ depending on the source of the enzyme. It is 34mM and 1.1 mM for rat liver GPT[6] while 2.8mM and 0.28mM for GPT isolated from tomato[7] respectively.

Rat liver GPT is inactivated in the presence of α-aminobutyrate in which case the rate of enzyme reaction is only 2% that when L-alanine is used as the substrate[8]

Material and Methods

1- Chemicals

The chemicals , NaH_2PO_4 . $2H_2O$. NaH_2PO_4 and NaOH were purchased from BDH Co., α-Ketoglutarate Nacl and 2,4- dinitrophenylhydrazine were purchased from Hopkin & Williams Co. and DL-alanine, DL-Serine,L-Cysteine, L-Asparagine, L-Glutamate, N-Glycylglycine, N-(N-glucylglycyl) glycine and N-Glycyl-L-Leucine were all purchased from Reidel Co. while DEAE Sephadex A-50 was obtained from Pharmacia (fine chemicals).

2- Equipments

Activity measurements and kinetic studies of GPT isoenzymes of human serum were carried out using the uv-Visible Spectrophotometer - Varian Techtron Model 635 series.

The Microzone Electrophorsesis - Beckman 152 Microfoge Apparatus, was used to identify separated serum fractions having GPT activity.

3- Specimens

Blood samples of both sexes and different ages , were obtained from healthy students of the college of Science by venipuncture, and left to clot for some time at room temprature , then the serum was separated by centrifugation at 3500 rounds per minute for 10 minutes.

4- Assay Method

GPT activity was detemined colorimetrically according to Reitman & Frankel[9] modified by Orfanos et al,[4] in such a manner that the modification involved only volume change of serum from 0.2ml to 1ml of eluate and the change of incubation time from 30 minutes to 120 minutes.

5- DEAE Sephadex A-50 Separation and Purification :

A column chromatographic technique was employed for the separation and fractionation of serum GPT[4]

DEAE Sephadex A-50 (1.2gm) was suspended in large excess of eluant buffer (0.02M sodium phosphate, pH7.2) over a period of 24 hours during which the supernatent liquid was replaced two or more times by fresh buffer solution until equilibrium was obtained . The gel slurry then was packed into a chromatographic column (1.5 x 12cm). An aliquot of 5ml of serum was introduced into the column and the elution was performed at room temperature . First sodium phosphate buffer (0.02M, pH 7.2) was used to eluate the cationic fraction, then 0.2M NaCl was employed to remove the anionic fraction from the oolumn .

6- GPT isoenzyme fractionation by Microzone Electrophoresis

GPT isoenzyme fractionatiom is carried out by micro-zonal electrophoresis which requires barbitol buffer solution (pH 8.6) of ionic strength 0.095, according to the method described by Gebbot[10]. Proteins in cellulose - acetate paper were stained using the relative concentrations of the compounds in the fixative - dye solution , which are : - 0.2% by weight of ponceau-S-stain, 3% by weight TCA and 3% by weight sulfosalicylic acid and then rinsed in 5% acetic acid followed by alcohol rinse. The membranes were scanned at 520 $\pm$ 10nm and the distances of migration measured.

7- Kinetic studies of GPT Isoenzymes

A- Determination of optimal (+) DL-Alanine concentration for GPT isoenzymes from normal human serum at 37 $^{\circ}$C.

Both GPT isoenzymes, I & II , were separated from normal human serum[4]. Using different (+) DL-alanine concentrations (10, 20, 40, 60, 80 and 100 mM, calculated in final reaction mixture) for isoenzyme I and (40,

80, 120, 166.6, 174 and 200mM, calculated in final react-
ion mixture) for isoenzyme II , and applying the method of
Reitman & Frankel[9], as modified by Orfanos et al[4], the
optimal   (+) DL-alanine concentration was obtained for is-
oenzyme I & II. The concentration of α-Ketoglutrate was fi-
xed on 1.66mM for both isoenzymes.

B-Determination of optimal α-Ketoglutarate concentra-
tion for GPT Isoenzymes at 37°C.

The same procedure , mentioned in "A" , was followed
to determine optimal α-Ketoglutarate concentration, with the
exception that a constant (+) DL-alanine concentration(80mM
for isoenzyme I and 166.5 mM for isoenzyme II), and differ-
ent concentrations of α-Ketoglutarate(0.25,0.5, 1, 1.2,1.66
and 2mM for isoenzyme I and 0.4, 0.8, 1.2, 1.66, 1.74 and
and 2mM for isoenzyme II) calculated in final reaction mi-
xture.

C- Substrate Specificity of GPT isoenzymes

Using different substrates, other than (+) DL-al-
anine, the specificity of the two isoenzymes was studied.
These substrates were : DL-serine , L-Cysteine, L-

asparagine , L-glutamate, N-glycylglycine , N-(glycy-lglycyl) glycine and N-glycyl-L-Leucine , with the final concentration of each in the reaction mixture,being 80mM for isoenzyme I and 166.5 mM for isoenzyme II. The concentrations of the other components were as previously mentioned .

D- Mechanism of human Serum GPT isoenzymes I&II

Different concentrations of (+) DL- alanine were used in the presence of different concentrations of α-Ketoglutarate,respectively the concentrations were :

25,50,100 & 200mM   for isoenzyme I & II

and   0.25,0.5,1 & 2mM   for isoenzyme I & II

Results and Discussion

1- DEAE Sephadex chromatography of human serum

The fractionatien procedure, using DEAE Sephadex A-50, yielded two distinct isoenzymes (cf.Fig.1) : The first peak (referred to as isoenzyme I) was eluted when the column was developed with sodium phosphate buffer (o.02M, pH 7.2) hence being a cationic isoenzyme, while the second peak(referred to as isoenzyme II) was eluted with NaCl and so represents the anionic isoenzyme. The purity of each isoenzyme was determined as in Table (1) which shows the specific activity for isoenzyme I (1.67 IU./mg)being less than that for isoenzyme II (3.9 I.U./mg) .

2- Purity of enzyme preparations

The electrophoretic behaviour of isoenzyme I and I (cf. Fig. 1-A, 1-B) respectively show that more albumin characteristics is present with isoenzyme II than I and that globulins (α_2, β, γ) are as well present . Such a behaviuor can be explained on charge - wise basis in that isoenzyme I may be a part of the albumin molecule itself which carries (the albumin molecule) less negative charges than that for isoenzyme II.

3- Substrate - Velocity Relationship of GPT Isoenzymes

Fig. (2,3) for isoenzyme I and Fig. (4,5) for isoenzyme II show that the optimal concentrations of (+) DL-alanine and α-Ketoglutarate are, respectively :

80mM , 1.2 mM   for isoenzyme I and

166.5mM, 1.66 mM · ·   for isoenzyme II

And that both isoenzymes, with their two substrates, show hyperbolic kinetics . This can also be certified by the fact that the interaction coefficint (n), determined from the Hill Plot, for (+) DL-alanine and α-Ketoglutarate is respectively,

1.1   ,1.3   mM for isoenzyme I (cf. Fig. 6-A, 6-B) and

1   ,1.1   mM for isoenzyme II (cf. Fig. 7-A, 7-B).

And since (n) represents the number of subunits in the enzyme molecule[11], or the number of active sites present in the enzyme [12], then this indicates that both isoenzymes I & II , have one subunit with one active site and hence obeying Michaelis - Menton equation in agreement with what Velick & Vavra(13) have already reported for pig heart GPT.

4- The Km (+ DL-alanine and α-Ketoglutarate) values for GPT isoenzymes

The Km values for isoenzymes I & II , were obtained graphically using Lineweaver - Burk(14) and Hanes(15) plots . These values are presented in Table -2- .

5- Substrate Specificity of GPT Isoenzymes

Table (3) shows that both isoenzymes do not react with either L-asparagine or L-glutamate, while showing slight tendency to react with L-cysteine(% inhibition for isoenzyme I is 97.3 and 94.2 for isoenzyme II) and N-glycylglycine (% inhibition for isoenzyme I is 91.33 and 81.8 for isoenzymeII) . The other data indicate that isoenzyme I &II are more specific toward N-glydyl-L-Leucine than the other substrates used .

The substrate specificity of the two isoenzymes can be explained according to the " induced fit theory" assuming that the active site of the isoenzyme is flexible and hence having the potential to fit the substrate precisely[16].

6- Mechanism of human GPT Isoenzymes

Lineweaver - Burk plots of initial velocity data from a series of experiments in which (+) DL-alanine was the variable substrate at four different fixed concentarations of α-Ketoglutarate are shown in Fig. (25,26) for isoenzyme I &II respectively . It is apparent that the family of lines within each graph is essentialy parallel and this is the pattern expected for an enzyme catalysing a two - substrate reaction by a Ping-Pong BiBi Mechanism . This is in agreement with what Bulos & Handler[5] had reperetd for beef heart GPT and Cleland[17] for the transaminases in general .

As for α-Ketoglutarate,it can be seen (cf. Fig. 27, 28) for isoenzyme I & II respectively, that a divergence from parallelism appears at the higher concentrations of the (+) DL- alanine due to an inhibition by high amino acid concentrations.

Table -1-

Purification of GPT isoenzymes from normal human serum, by passing through DEAE Sephadex A-50. The assay and purification methods are mentioned in the Experimental section.

Fraction	Volume elute (ml)	Protein Conc. (mg/ml)	Total Protein (mg)	GPT activity (I.U./L)	Specitic act. (IU./mg)	Degree of purification
1-Human blood Serum	1	68.1	68.1	13.25	0.194	1
2-Eluate passing through gel a-Isoenzyme I	3	2.04	6.12	3.4	1.67	8.6
b-Isoenzyme II	3	1.07	3.21	4.2	3.9	20

Table -2-

Determination of Km for human Serum GPT isoenzymes
I & II Optimum substrate concentrations ((+) DL-alanine
and α-Ketoglutarate) was used. Respectively, they were
80 mM & 1.2 mM for isoenzyme I, and 166.5 mM & 1.66 mM

for isoenzyme II.

Enzyme	Substrate	Km (mM)	
		$\frac{1}{v}$ Vs. $\frac{1}{s}$ **	$\frac{S}{V}$ Vs. S*
Isoenzyme I	(+) DL-Alanine	57.1	57
	α-Ketoglutarate	1.1	1
Isoenzyme II	(+) Dl-Alanine	196	195
	α-Ketoglutarate	1.66	1.65

*   Hanes Plot

**   Lineweaver- Burk Plot

Table -3-

Substrate Specificity toward human Serum GPT isoenzymes I and II calculated as % inhibition*. The method and concentrations of the substrates are as mentioned in the experimental(Section D-3).

Enzyme	DL-Serine	L-Cysteine	L-Asparagine	L-Glutamate	N-Glycyl-Glycine	N-(N-Glycyl glycyl) glycine	N-Glycyl-L-Leucine
Isoenzyme I	76.7	97.3	100	100	91.33	68	43.33
Isoenzyme II	66.7	94.2	100	100	81.8	50.33	30

$$* \% \text{ inhibition} = \frac{\text{GPT activity with (+) DL- alanine-GPT activity with substrate}}{\text{GPT activity with (+) DL-alanine}} \times 100$$

R E F E R E N C E S

1- Kaplan, N. O.(1963) Bacteriol. Rev. 27, 155.

2- Yamada, K,; Sawa Ki; S., Fukumura,A., and Hayashi,
M., (1962), J. vitaminol. 8(4), 286 .

3- ZiegenBein, R. (1966)Nature. 212, 935.

4- Orfanos,A.P., Gabrieli, E.R., and Pragay, D.A.(1970)
Res.Commun. Chem. Pathol. Pharmacol.1(2),
266 .

5- Bolus, B., and Handler,P. (1965) J.Biol. Chem.240(8)
3283 .

6- Segal,H.L., and Matsuzawa,T., (1970) in "Methods in
Enzymology" Vol. XVII (A), p. 157. Acade-
mic Press, N.Y. & London .

7- Rech., J., Crouzet,J. (1974) Biochim. Biophys. Actta
350(2), 392 .

8- Segal,H.L., Beatie, D.S., and Hopper,S., (1962) J.
Biol. Chem. 237, 1914 .

9- Reitman,S., and Frankel , S.(1957) Amer.J.clin.Path-
ol. 28, 56 .

10- Gebott,M.D. (1973) in Microzone Electrophoresis man-
ual, Beckman instruments, California.

11- Cornish - Bowden,A. (1976) in "Principles of Enzy-
            me Kinetics" 1st. ed., p. 120,
            Butter Worth, London .

12- Segal, I.H. (1975) in"Enzyme Kinetics",1st. ed.,
            p. 385, John Wiley & Sons , New
            York .

13- Velick, S.F., and Vavra,J. (1962) J.Biol. chem.
            237, 2109 .

14- Lineweaver,H. and Burk,D. (1934) J.Am. chem.soc.
            56, 658 .

15- Hanes,C.S. (1932) Biochem.J. 26, 1406 .

16- Koshland,D.E.(1958) Proc. Nat. Acad. Sci. U.S.A.
            44, 98 .

17- Cleland,W.W. (1963) Biochim. Biophys. acta 67,
            104 .

Temperature, pH and inhibition studies of GPT isoenzymes
I & II .

Summary

Temperature studies of human serum GPT isoenzymes
revealed the fact that both of which obey Arrhenius equ-
ation until 55°C , and their activation energies (Ea) we-
re determined .

The optimum pH for the two isoenzymes was determined
and from which it was found either histidine or cystine is
present in the active sites of the two isoenzymes.

Maleic Acid caused competitive inhibition for both
isoenzymes with respect to α-Ketoglutarate, while causing
uncompetitive inhibition with respect to (+) DL-alanine.
The Ki & Ki' values are also determined .

Introduction

It had been reported that pyridoxal-5'-phosphate causes 14.4% ± 2.3 activation at 37 C° , and that such activation decreases to 3.5% ± 1.5 at 25°C[1]. Also , rat liver GPT is inactivated when heated to 60 C° but L-proline prevents such behaviour[2]. This is unlike GPT of Crayfish and rabbit striated muscles, since its activity increases with increasing temperature[3], as for mitochondrial and cytoplasmic rat heart GPT isoenzymes, inacivation occurs when the temperature exceeds 40°C .

Highest reaction rates were obtained in the presence of Tris-buffer, with a broad pH optimum from 7.7-8.4.Substitution of pyrophsphate or phosphate buffers led to appreciably lower rates[5] .

Different compounds inhibit GPT with variable degree depending on the source of the enzyme and the type of compounds used[6].

Maleate and glutarate were found to cause competitive inhibition for rat liver GPT, according to Jenkens *et al*[7], which contradicts the results of Velick

& Vavra[8] and Hopper & Segal[9], that a noncompetitive

inhibition is caused by these two compounds.

Material and Methods
_____

A- Chemicals
    _____

    Maleic acid was purchased from Reidal Co.

B- Equipments
    _____

    As mentioned in the previous papers.

C- Specimens
    _____

    As mentioned in the previous papers.

D- Kinetic Studies of GPT isoenzymes
    _____

    1- Effect of temperature on GPT isoenzymes ac-

tivity
_____

    Uisng optimum (+) DL- alanine and α-Ketoglutara-

te concentrations (80mM & 1.2mM for isoenzyme I and

166.5mM & 1.66mM for isoenzyme II) respectively the

effect of the different temperatures ($10^{o}C$, $25^{o}C$, 37°

C , $45^{o}C$, $55^{o}C$ and $70^{o}C$) was studied .

The method of separation is that of Orfanos et al[10].

2- pH effect on GPT isoenzymes

In this experiment, different pH values ranging between 6.2 - 8.6 were used, at optimum substrate concentrations:
80mM (+) DL-alanine and 1.2 mM α-Ketoglutarato for isoenzyme I, 166.5mM (+)DL-alanine and 1.66mM α-Ketoglutarate for isoenzyme II.

3- Inhibition of GPT isoenzymes

The effect of two concentrations of maleic acid (3mM & 8mM) was studied, at different concentrations of (+) DL-alanine (25mM, 50mM, 100mM 200mM) at optimum α-Ketoglutarate concentration of 1.2mM for isoemzyme I, 1.66mM for isoenzyme II and at different α-Ketoglutarate concentrations (0.25mM,0.5mM, 1mM & 2mM) at optimum (+) DL-alanine concentrations of 80mM for isoenzyme I, 166.5 mM for isoenzyme II .

Results and Discussion

Fig. (12) shows that the optimum pH for isoenzyme

I is 7.4 and 7.8 for isoenzyme II. While Fig.(13) , presenting a plot of log Vmax. Vs. pH, could be used to find pK value of both isoenzymes. From the latter graph histidine or cystine is the expected amino acid to be present in the active sites of the two isoenzymes[11].

Fig.(14) shows that the optimum temperature for isoenzyme I and II is $55^{o}C$ and that due to protein denaturation[12] at $70^{o}C$, the rate of the reaction decreases.

The relation between Log.Vmax and $\frac{1}{T}$, as shown in Fig. (15,16) for isoenzyme I & II respectively, follows Arrhinius plot until $55^{o}C$ for both isoenzymes.

Table -1- shows the activation energies of both isoenzymes . It also shows the Q_{10} values which is 1.5 for isoenzyme I and 1.25 for isoenzyme II thereby confirming the statement that , Q_{10} value for enzymatic reactions ranges between 1-2[13] .

Inhibition by maleic acid (3mM & 8mM) is uncompetitive with respect to (+) DL-alanine (cf. Fig. 17,18 for isoenzyme I and Fig. 19,20 for isoenzyme II) with the Ki' values determined (Table -2) , and the mechanism of inhibition is as follows :

$$\text{GPT + Alanine} \underset{}{\overset{Ks}{\rightleftharpoons}} \text{GPT-alanine} \longrightarrow \text{GPT + pyruvate}$$

$$+$$
$$I$$
$$\uparrow\downarrow Ki$$
$$\text{GPT-alanine-I}$$

Which is consistent with the findings of Bulos &Handler[6]

for beef heart GPT .

Maleic acid , on the other hand , inhibitied isoenzyme I and II competitively with respect to α-Ketolgutarate (cf. Fig.21,23 for isoenzyme I and Fig. 22,24 for isoenzyme II) with the Ki values given in Table -3. The mechanism of inhibition is as follows[14]

$$\text{GPT + } \alpha\text{-Ketoglutarate} \overset{Ks}{\rightleftharpoons} \text{GPT - } \alpha\text{-Ketoglutarate} \longrightarrow \text{GPT +}$$
$$\text{glutamate}$$

$$+$$
$$I$$
$$\uparrow\downarrow Ki$$
$$\text{GPT - I}$$

The results given above indicate that maleic acid reacts with the pyridoxamine form of the two isoenzymes and not with the pyridoxal form of them [6].

Table -1

Activation energy (Ea) and Q_{10} values for human serum GPT isoenzymes.

Ea is determined as the slope of the line in the LogVmax Vs. $\frac{1}{T}$ plot. Q_{10} is calculated as follows:

$$Ea = \frac{2.3RT_2 \, T_1 \log Q_{10}}{10}$$

Enzyme	Ea(cal.)	Q_{10}
Isoenzyme I	7834.5	1.5
Isoenzyme II	4317	1.25

Table -2

Ki' (+ DL-alanine) for human serum GPT isoenzyme I

and II, at 37°C , in the presence of two concentra-

tions (3mM, 8mM) of maleic acid,. Method & concentr-

ations are as mentioned in the experimental (Section D-

3)

Enzyme	Ki'((+) DL-alanine) mM		Maleic acid Conc. (mM)
	$\frac{S}{V}$ Vs. S	$\frac{1}{V}$ Vs. $\frac{1}{S}$	
Isoenzyme I	9	9.5	3
	13	14.5	8
Isoenzyme II	1.99	2.1	3
	2.8	2.855	8

Table -3

Ki(α-Ketoglutarate)for human serum GPT isoenzyme I
and II , at $37^{O}C$, in the presence of two concentrations
(3mM & 8mM) of maleic acid . Method and concentrations
are as mentioned in the experimental (Section D-3).

Enzyme	Ki (α-Ketoglutarate) mM		Maleic acid conc.
	$\frac{S}{V}$. Vs. S	$\frac{1}{V}$ Vs. $\frac{1}{S}$	(mM)
Isoenzyme I	7.1	7	3
	8.4	8	8
Isoenzyme II	5.25	5.92	3
	5.79	5.3	8

REFERENCES

1) Jung, K., Egger, E., (1975) Clin. chim. Acta 64 (3), 329.

2) Segal, H. L., Abraham, G. J., AND Matsuzowa, T.(1968) Biochem. Biophys. Res. Commun. 30 (1), 63.

3) Orlicky, J., Ruscak, M., (1977) Comp. Biochem. Physiol. 56 (1-B), 71.

4) Orlicky, J., Ruscak, M., (1976) Physiol. Bohemoslov. 25 (3), 223.

5) Segal, H. L., Beattie, D. S., AND Hopper, S., (1962) J. Biol. Chem. 237, 1914.

6) Bulos, B., AND Handler, P., (1965). J. Biol. Chem. 240 (8), 3283.

7) Jenkens, W. T., Yphantis, D. A.   , AND Sizer, I. W., (1959) J. Biol. Chem. 234, 51.

8) Velick, S. F., AND Vavra, J., (1962) J. Biol. Chem. 237, 2109.

9) Hopper, S., AND Segal, H. L. (1962) J. Biol. Chem. 237, 3189.

10) Orfanos, A. P, Gabrieli, E. R. AND Pragay, D. A. (1970) Res. Commun. Chem. Pathol. Pharmacol. 1 (2), 266.

11) D. E. Koshland, JR. in F.F. Nord, (1960) in " Advances in Enzymology " Vol. XXII, P. 57, Interscience, London.

12) Cornish-Bowden, A. (1976) in " Principles of Enzyme Kinetics " 1st ed., P. 120, ButterWorth, London.

13) Dawes, E. A. (1964) in " Comprehensive Biochemistry" (Florkin, M., AND Stotz, E. H.) Vol 12, P. 104, Elsevier, Amsterdam.

14) Dixon, M., AND Webb, C. E. (1966) in "Enzymes", 2nd, P. 75, Longmans, London.

SUMMARY

A simple chromatographic technique was used to separate two isoenzymes of GPT from normal human Serum,One being cationic, eluted with buffer only, and the second being anionic and hence eluted with NaCl.

Both isoenzymes play as ordinary enzymes, with hyperbolic kinetics , obeying Michaelis-Menton equation, with the Km values determined using Lineweaver-Burk and Hanes plots.

Specificity of the two isoenzymes , had been investigated toward various compounds and substances.

The optimum temperatures for isoenzyme I and II was found to be 55°C, and the pH optimum for isoenzyme I was 7.4 and 7.8 for isoenzyme II. From the pH optimum, the amino acid residue present in the active site of either isoenzyme I or isoenzyme II, was histidine or cystine.

Inhibition studies by maleic acid showed that the latter causes uncompetitive inhibition with respect to (+) DL-alanine and competitive inhibition with respect to α-Ketogularate, for both isoenzymes I and II thereby indicating that the inibitor reacts with the pyridoxamine form of the two isoenzymes only and not with the pyridoxal form.

Chapter (I)

Introduction

الانزيـم النـاقل لمجموعة الامّين   GPT   (EC 2.6.1.6)

يلعـب GPT دورا أساسيا في العمليات الحيويـة للاحماض الامّينيـة وذلك بنقـل مجموعة الامّيـن من الاحمـاض الامّينيـة الى الاحمـاض الكيتونيـة وبالعكـس   (1) .

$$
\begin{array}{c}
\text{CH}_3 \\
| \\
\text{CH-NH}_2 \\
| \\
\text{COOH}
\end{array}
\quad + \quad
\begin{array}{c}
\text{COOH} \\
| \\
(\text{CH}_2)_2 \\
| \\
\text{CO} \\
| \\
\text{COOH}
\end{array}
\quad \xrightarrow{\text{GPT}} \quad
\begin{array}{c}
\text{COOH} \\
| \\
(\text{CH}_2)_2 \\
| \\
\text{CH-NH}_2 \\
| \\
\text{COOH}
\end{array}
\quad + \quad
\begin{array}{c}
\text{CH}_3 \\
| \\
\text{CO} \\
| \\
\text{COOH}
\end{array}
$$

L-alanine   α-Ketoglutarate   L-Glutamate   Pyruvate

وفيمـا يلـي مراجعة عنـه تشمل المعلومات المتوفرة في الادبيـات :

١ - الانتشـــــــــــــار   Distribution

ينتشـر هذا الانزيـم في معظم الكائنات الحيـة ، فهو موجـود فـي الحيوانات المختلفـة (2) والنباتـات (4) , (3) ومختلف الاحيـاء المجهريـة (6) , (5) وتختلف نسبة توزيعـه من كائـن لآخـر ومـن نسيـج لآخـر فنجـده مثلا في أنسـجة الانسـان موزعـا ، وحسب تركيــزه المتناقـص ، كالآتـي : الكبـد ، الكليـة ، القلـب ، العضلات الهيكلية ، البنكريـاس ، الطحـال ، الرئـة ومصـل الدم (8) , (7) .

أما في الدم البشـري الطبيعي فأن النسبة المئويـة لوجـوده فـي المللتر الواحد من الدم قليلـة جدا وصعب قياسـها في الكريـات الحمـراء

ومعدومة كليا في الاقراص الدموية وكريات الدم البيضاء كذلك فقد وجد بأن نسبة انتشار نشاطه متساوية في كل من البلازما ومصل الدم (9) ٠ ان معدل نشاط الانزيم هو ٢ — ١٥ وحدة عالمية لكل لتر (10) ٠

٢ — متناظرات ال GPT   GPT Isoenzymes

تعرف متناظرات الانزيم بصورة عامة بأنها تلك البروتينات ذات الفعالية المحفزة لنفس التفاعل ، لكنها تختلف عن بعضها بالصفات الفيزيائية ، الكيميائية والحركية (11) ٠

لكل من انسجة الفأر المختلفة (الدماغ ، القلب ، البنكرياس ، الامعاء ، الكلية والعضلات الهيكلية) متناظر واحد ماعدا الكبد حيث أمكن الحصول على متناظرين منه ٠ ولقد وجدت اختلافات بين هذه المتناظرات من ناحية الهجرة الكهربائية ، مقاومتها لحرارة ٥٠ م° ، ومعاملتها مع Lipase أو Trypsin (12) ٠

أما في الجرادة فقد وجد GPT بشكلين جزيئين مختلفين وذلك باستعمال طريقة الجل كروماتوغرافيا والجل الهادل للأيونات حيث وجد أحدهما في السايتوبلازم على هيئة أحادي ورباعي الوحدة بينما يكون متناظر المايتوكوندريا بهيئة ثنائي الوحدة (13) ٠ كما وجد متناظرين لل GPT في الطماطة وأمكن فصل الاول باستعمال مادة Trinton x-100 والثاني فقد بقي ذائبا فيه والذى أمكن تنقيته ٦٦٠ مرة باستعمال ملح كبريتات الامونيوم كعامل مرسب ثم امراره خلال

DEAE-Cellulose و DEAE-Sephadex [14] وفي سنة ١٩٧٠ تمكن Orfanos مع باحثين اخرين من فصل متناظرين ل GPT من مصول دم الاصحاء والمصابين بأمراض الكبد المختلفة (التهاب الكبد الخمجي ، مدمني المسكرات ، تشمع الكبد ، والتهاب الكبد المزمن) • الطريقة المستعملة لفصل المتناظرين من مصول الاصحاء والمصابين بأمراض الكبد المختلفة واحدة تعتمد على طريقة كروماتوغرافيا مبسطة حيث يمتص المتناظر الموجب بواسطة الجل المبادل للايونات السالبة من نوع DEAE-Sephadex A-50 بينما يبقى المتناظر السالب في المحلول الناضح وذلك باضافة محلول NaCl (بتركيز ٢ ر٠ مولارى) الى المحلول المنظم [15] • وتبرز أهمية هذه الطريقة في اختلاف نسبة متناظر الى آخر في الحالات المرضية عنه في الطبيعية كما سيأتي ذكر ذلك في "التطبيقات السريرية".

٣ — التطبيقات السريرية Clinical Applications

يوجد ال GPT بصورة رئيسية في الكبد حيث يعتبر الاخير أحد أغنى المصادر في الجسم الحي وعليه فقياس نشاطه في مصل الدم يعطي أهمية خاصة عن احتمال اصابته ويبقى مستواه طبيعيا في حالة الاصابة بالاحتشاء القلبي نظرا لقلة وجوده فيه [16] •

أما متناظرات ال GPT فتتأثر أيضا عند الاصابة بأمراض الكبد ففي حالة تشمع الكبد تكون نسبة المتناظر السالب الى الموجب ٣ر٨ وفي التهاب الكبد الخمجي ١٢ وفي حالة تشمع الكبد المزمن والحاد فقد كان نشاط ال GPT الكلي ١٩٦٠ وحدة/ ملتر بحيث

تكون نسبة المتناظر السالب الى الموجب ٤٩ ٠ أما الحالات التي لايصاحبها اصابة الكبد مثل الاحتشاء القلبي والتهاب الرئة وفقر الدم فالنسبة اعلاه ٥ ر٢ فقط بينما في الحالات الطبيعية فيتساوى كل من المتناظر السالب والموجب تقريبا (15) .

٤ — طرق قياس فعالية GPT

هناك طرق متعددة لقياس نشاط GPT من مصادره المختلفة منها مايعتمد على قياس امتصاص مادة التفاعل أو الناتجة منه وهذه تمثل الطرق الطيفية ومنها ماعتمد على قياس شدة اللون المتكون نتيجة التفاعل مع مادة أخرى وقد استطاع Tohanzy أن يقيس نشاط GPT وذلك بتحويل ال Pyruvate الى pyruvate hydrazone نتيجة تفاعله مع 2,4-dinitrophenyl hydrazine وقد تم قياس شدة اللون المتكون مابين ٥٠٠ — ٥٥٠ نانومتر (19),(18),(17) .

من اكثر الطرق شيوعا في الاستعمال هي طريقة Reitman & Frankel (20) التي تعتمد أيضا على قياس ال pyruvate المتكون من التفاعل مع 2,4-dinitrophenylhydrazine في محلول قاعدي في موجة طولها ٥٠٠ — ٥٥٠ نانومتر ٠

أما الطريقة الطيفية فتعتمد على وجود نوعين من الانزيمات في التفاعل حيث يقوم أولا ال GPT بتحويل L-alanine الى pyruvate ثم يعمل LDH على تحويل pyruvate، بوجود NAD المختزل الى L-lactate و NAD المؤكسد (كما في المعادلات أدناه) ٠

ويمكن متابعة عملية اكسدة واختزال ال NAD في موجة طولها ٣٤٠ نانومتر والتي يعبر مقدارها عن نشاط ال GPT (8) .

$$\text{(1)}\quad \text{L-Alanine} + \text{2-Oxoglutarate} \xrightleftharpoons{\text{GPT}} \text{Pyruvate} + \text{L-Glutamate}$$

$$\text{(2)}\quad \text{Pyruvate} + \text{NADH} + H^{+} \xrightleftharpoons{\text{LDH}} \text{L-Lactate} + NAD^{+}$$

أما متناظرات GPT في مصل الدم البشرى فأمكن قياسها بأستعمال طريقة محورة لطريقة Reitman & Frankel من قبل Orfanos et al (15) كما سيأتي ذكرها في الفصل الثاني .

٥ - الصفات الحركية لـ GPT ومتناظراته Kinetics of GPT

أ - خصوصية المادة الأساس Substrate Specificity

يعتبر L-alanine، المادة الأساس الطبيعية للتفاعل المحفز لـ GPT وفي الاتجاه الأمامي بينما يعمل حمض glutamic كمادة أساس للتفاعل المكسي (21) .

وهناك مواد أخرى يقوم الأنزيم بتحويلها الى مواد ناتجة ولكن بدرجة أقل كثيرا من مادته الأساس كما في حالة GPT قلب البقر ومن هذه المواد

DL-α-Aminobutyrate, DL-β-Aminobutyrate, DL-Amino-isobutyrate, Arginine, Asparagine, Aspartate, citrulline, glutamine, glycine, isoleucine, Leucine, Lysine, nor-leucine, Ornithine, Serine, phenylalanine, threonine, tryptophan, and valine [22].

ولقد وجد ان DL-α-Aminobutyrate هي المادة الوحيدة التي يمكن احلالها محل L-alanine وهذا يتفق مع ماأورده Green et al [٤].

كما ان GPT كبد الفأر لاينشط بوجود α-Aminobutyrate حيث سرعة التفاعل ٢٪ من تلك التي يحصل عليها عند استعمال L-alanine كمادة أساس له [23].

هذا ولم تتطرق الأدبيات الى خصوصية المادة الأساس لمتناظرات مصل الدم الطبيعي .

ب — علاقة المادة الأساس وسرعة التفاعل

Substrate-Velocity Relationship

عند رسم العلاقة التي تربط تركيز المادة الأساس سواء كانت α-Ketoglutarate أو alanine مع سرعة التفاعل المحفز بـ GPT نحصل على شكل زائدي المقطع [22].

تختلف قيم Km ، المقاسة بالوزن الجزيئي الغرامي ، باختلاف مصدر الـ GPT فهي للـ L-alanine لكبد الفأر [24] ، عضلات الأرنب المخططة وسرطان الماء [25] وعلى التوالي كالاتي :

34×10^{-3} ، $13{,}3 \times 10^{-3}$ و $3{,}8 \times 10^{-3}$

α -Ketoglutarate فقيم Km لـ GPT ، من نفس المصادر اعلاه وبنفس الترتيب ، كالاتي :

١ر١ × ١٠$^{-٣}$ ، ٦٢٤ر٠ × ١٠$^{-٣}$ و ٣٣ر١ × ١٠$^{-٣}$

أما بالنسبة الى الطماطة فقد وجد ان قيمة Km لـ L-alanine هي ٨ر٢ × ١٠$^{-٣}$ ولـ α -Ketoglutarate ٢٨ر٠ × ١٠$^{-٣}$ من الوزن الجزيئي الغرامي (14) .

ولم تتطرق الأدبيات الى هذه العلاقة عند استعمال متناظرات GPT في مصل الدم الطبيعي .

جـ — تأثير درجة الحرارة Temperature Effect

يظهر تأثير درجة الحرارة على نشاط GPT من خلال استجابته للظروف المختلفة فمثلا وجد ان مقدار التحفيز الحاصل لـ GPT مصل الدم البشري الطبيعي بوجود Pyridoxal-5-phosphate يكون ٤ر١٤٪ ± ٣ر٢ بدرجة ٣٧°م بينما تكون هذه النسبة بدرجة ٢٥°م لنفس المادة والمصدر ٥ر٣٪ ± ٥ر١ (26) وان GPT كبد الفأر يفقد نشاطه عند تسخينه لدرجة ٦٠°م الا أن L-proline تمنع فقدان هذا النشاط (27) . أما GPT كل من سرطان الماء وعضلات الأرنب المخططة فيزداد نشاطه بارتفاع درجة الحرارة (25) .

كما وجد ان متناظر المايتوكوندريا والسايتوبلازم لكبد

الفار يفقد كل منهما نشاطه في درجة حرارة اكثر من ٤٠ْم و ٦٠ْم على التوالي [28] . أما متناظر المايتوكوندريا لقلب الفأر فيفقد نشاطه في درجة حرارة اكثر من ٤٠ْم وكذلك هي الحال بالنسبة لمتناظره في السايتوبلازم [29] .

هذا ولم تتطرق الادبيات الى أى دراسة عن تأثير درجة الحرارة على متناظرات مصل الدم البشرى .

د — تأثير درجة الأس الهيدروجيني pH Effect

تختلف درجات الأس الهيدروجيني المثلى لـGPT بأختلاف مصادره كما ويختلف نشاطه بأختلاف المحلول المنظم . فقد وجد لـ GPT الفأر أعلى نشاطه بوجود منظم الـ Tris في درجة أس هيدروجيني (٧ر٧ — ٤ر٨) وان هذا النشاط يقل بصورة ملحوظة عند استبدال منظم الـ Tris بمنظم الـ pyrophosphate ومنظم الفوسفات [23] .

أما عن GPT انسجة الخنزير القلبية فقد وجد بأن عملية انتقال مجموعة الامين من L-alanine أني α-Ketoglutarate تحصل في درجة أس هيدروجيني ٨ ر٧ بينما في درجة أس هيدروجيني ٩ر٦ يسبب الـ pyruvate الناتج من التفاعل كبتا تنافسيا بحيث يمنع انتقال مجموعة الامين من كل من L-alanine و L-glutamate الى pyruvate وهذا ينتج عن ارتباط الـ pyruvate الى الانزيم عندما يكون الاخير بهيئة phosphopyridoxal form [30] .

ولاتتوفر أى دراسة عن تأثير درجة الأس الهيدروجيني على متناظرات مصل الدم البشرى .

هـ – كبت GPT   GPT Inhibition

هناك الكثير من المركبات التي تكبت GPT بدرجات متفاوته تبعا لمصدر الانزيم ونوع المركب (22) .

فقد وجد Jenkens et al (31) بأن ال maleate و glutarate تسببان كبتا تنافسيا ل GPT كبد الفأر وهذا مايتعارض مع ماتوصل اليه Velick & Vavra (32) حيث وجد ان ال maleate و glutarate تسببان كبتا غير تنافسيا ل GPT كبد الفأر ويتوافق مع الدراسة التي قام بها Hopper & Segal (33) حيث وجد ان ال maleate يسبب كبتا غير تنافسيا له كما وجد ان p-mercuribenzoate تسبب كبتا بنسبة ٨٠٪ وان هذا الكبت زال بنسبة كبيرة عند حضن خليط التفاعل مع GSH و pyridoxal phosphate (23) .

أما ال Salicylate فتسبب كبتا تنافسيا ل GPT قلب الخنزير (34) وان كل من L-leucine, α-oxoisocaproate and α-oxoisovalerate تسبب كبتا تنافسيا ل GPT كبد ودماغ الفأر وان قيم K_i للمواد اعلاه متشابهه (35) كما ان L-cycloserine تسبب كبتا غير تنافسيا ل GPT كبد الفأر بدرجة أعلى من الكبت المسبب من D-cycloserine (30) .

ان دراسات اخرى اظهرت ان متناظر المايتوكوندريا ل GPT من الجهاز العصبي المركزي للفأر يكبت بواسطة acetate, phosphate, maleate & chloride عندما تكون شدة التأين ٨ر١ بينما وجد ان متناظر السايتوبلازم لنفس المصدر يكبت ب phosphate عندما تكون شدة التأين ١٢ر٠ كما انه يكبت بدرجة أقل ل maleate ولايكبت مطلقا ب chloride و acetate (37) .

ولاتتوفر في الادبيات أى دراسة عن تأثير المركبات المختلفة على متناظرات GPT مصل الدم البشرى .

يتضح من المراجعة التي قمنا بها عدم توفر أية معلومات عن الخواص الحركية لمتناظرات GPT مصل الدم البشرى الطبيعي ومن وجهة النظر هذه اقتضى بدأ محاولة ربط هذا الانزيم بالعوامل التي ذكرناها مما يتطلب دراسة في الكائن البشرى لما للأهمية التشخيصية المستقبلية لها ، علما بأن دراستنا هذه لم ترد في الأدبيات المختلفة .

Chapter (II)

Experimental

تجـــــارب البحـــــث

١ – المـــواد المســـتعملة Materials

وتشـتمل على المـواد الكيمياويـة ، الأجهزة المسـتعملة،والعينات.

أ– المـواد الكـيمياويـة Chemicals

وتشـمل مواد محلول الفوسفات المنظم Na_2HPO_4
$NaH_2PO_4 \cdot 2H_2O$ وحمـض HCl و NaOH المسـتوردة
مـــن شــركة BDH أما حمض α-Ketoglutarate
2,4-dinitrophenyl hydrazine و NaCl فقــد
تـم شـراءها من شـركة Hopkin & Williams والمـواد :
حمـض maleic و DL-Alanine(+) اسـتوردت مـــن
شـركة Reidel أمـا مـادة الجل المبادل للأيونات السـالبة
DEAE Sephadex A-50 فقـد تـم الحصـول عليهـا مـن
شـــركة Pharmacia (Fine Chemicals) .

ب – العينـــــات Specimens

تـم اسـتعمال عينـات الدم الطبيعيـة التي جمعت من طلبـة
كليـة العـلوم وغيرهم وقـد اسـتخرج المصـل من عينـات الـــدم
الوريـدى وذلك بعد سـحب الـدم بواسـطة حقنـة طبية من الوريـد
في حزمـة السـاعد الأمامية ويسـتعمل رباط خـاص لكي ينتفـخ

الوريد قبل السحب مباشرة ويرفع هذا الرباط بعد بدء سيلان الدم داخل الحقنة • بعد الحصول على الكمية المطلوبة من الدم يترك ليسيل ببطء في انبوبة جهاز الطرد المركزى ويحفظ الدم في درجة حرارة مقاربة الى درجة حرارة الجسم حتى يتخثر ومن ثم يوضع في جهاز الطرد المركزى ويعجل الى ٣٫٥٠٠ دورة في الدقيقة فينفصل المصل وقد تم العمل على المصل في نفس اليوم •

جـ — الأجهزة المستعملة Instrumentation

تم قياس نشاط GPT وحركته والتجارب الاخرى المتعلقة بالبحث بأستعمال الأجهزة التالية :

١ — المطياف من نوع UV-Visible Spectrophotometer Varian Techtron Model 635 Series

٢ — جهاز الطرد المركزى من نوع Janetzki T_5 ذو السرعة القصوى ٥٫٥٠٠ دورة في الدقيقة •

٣ — مقياس درجة الأس الهيدروجيني من نوع (Beckman Century pH SS-1) .

٤ — حمام مائي من نوع Memmert .

٥ — مقياس الهجرة الكهربائية من نوع Microzone Electrophoresis Beckman 152 Microfuge Apparatus .

٢ — التحاليل المستعملة

أ — فصل وتنقية متناظرات الـ GPT II, I

تم فصل متناظرات GPT من مصل الدم في الأصحاء المراقبين بأستخدام كروماتوغرافيا بسيطة وحساسة تعتمد على استخدام الجل المبادل للآيونات السالبة DEAE Sephadex A-50 الذي يمدص الجزيئات السالبة الشحنة فتبقى ملاصقة له بينما الجزيئات الموجبة الشحنة حرة في المحلول المنظم المحيط بحبيبات الجل فنجدها في المحلول الناضح (eluate) ويمكن فصل الجزيئات السالبة الشحنة من حبيبات الجل بعملية الروغان بأستعمال محلول NaCl (15) .

طريقة العمل

١ — يوضع ٢ر١ غم من مسحوق الجل DEAE Sephadex A-50 في ٢٥٠ سم٣ من محلول فوسفات الصوديوم المنظم بتركيز ٠٢ر٠ من الوزن الجزيئي الغرامي ودرجة أس هيدروجيني ٢ر٧ • يترك المحلول لمدة ٢٤ ساعة يبدل خلالها المحلول المنظم ثلاث مرات •

٢ — يسكب المحلول العالق في عمود الكروماتوغرافيا (٥ر١ × ١٥ سم) في درجة حرارة الغرفة ليعطي ارتفاع نهائي ١٢ سم •

٣ — تعيين فعالية الانزيم في مصل الدم (20) .

٤ — يوضع ٥ سم٣ من مصل الدم في عمود الكروماتوغرافيا وبدرجة حرارة الغرفة .

٥ — بعد أن يتشرب مصل الدم في عمود الجل ، نبدأ عملية الروغان بأستعمال ٣٦ سم٣ من محلول الفوسفات المنظم بتركيز ٠٫٠٢ من الوزن الجزيئي الغرامي وتجمع الأجزاء الناضحة من العمود بحجم ٣ سم٣ لكل جزء بحيث يكون معدل التدفق ١ سم٣ في الدقيقة .

٦ — بعد انتهاء عملية اضافة المحلول المنظم تبدأ عملية الروغان بأستعمال NaCl (٠٫٢ من الوزن الجزيئي الغرامي) المذاب في المحلول المنظم .

٧ — تجمع اجزاء مختلفة من المحلول الناضح في أنابيب اختبار مختلفة ويعين نشاط الانزيم المتناظر فيها باستخدام الطريقة المذكورة في (ج) .

٨ — تعين كمية البروتين الموجودة في مصل الدم ومحاليل الأجزاء الناضحة بقياس الامتصاص الطيفي في الاطوال الموجية ٢٦٠ و ٢٨٠ نانومتر وتطبيق معادلة Kalckar (38) لحساب كمية البروتين .

تركيز البروتين (ملغم/مل) = ١٫٤٥ (الامتصاص في ٢٨٠ نانومتر) — ٠٫٧٤ (الامتصاص في ٢٦٠ نانومتر)

٩ — تحسب الفعالية النوعية لكل من مصل الدم ومحلول الاجزاء الناضحة وفق المعادلة التالية :

$$\text{فعالية النوعية (وحدة / ملغم بروتين)} = \frac{\text{الفعالية الكلية (وحدة / مل)}}{\text{البروتين الكلي (ملغم / مل)}}$$

١٠ — تحسب درجة التنقية حسب المعادلة التالية :

درجة التنقية = الفعالية النوعية للجزء النقي / الفعالية النوعية للجزء الخام

المحاليل المستعملة

١ — محلول فوسفات الصوديوم المنظم (بتركيز ٢٠ر٠ من الوزن الجزيئي الغرامي)

يحضر بأذابة ١٢٠٢ر٣ غم من Sodium dihydrogen phosphate $NaH_2PO_4 \cdot 2H_2O$ (M.wt = 156.01)

و ٨٣٩٢ر٢ غم من Disodium hydrogen phosphate

Na_2HPO_4 (M.wt = 141.96)

في الماء المقطر ويكمل الحجم الى اللتر ليعطي درجة أس هيدروجيني ٢ر٧ .

٢ — محلول كلوريد الصوديوم (بتركيز ٢ر٠ من الوزن الجزيئي الغرامي)

يحضر بأذابة ٩٢٢ر٢ غم من NaCl (M.wt = 58.44)

في ٢٥٠ سم٣ من محلول فوسفات الصوديوم المنظم .

ب — الهجرة الكهربائية للمتناظرين I, II

ان فكرة الفصل بالهجرة الكهربائية تعتمد على أنه في حالة وضع جزيئة مشحونة في مجال كهربائي فأنها سوف تتحرك الى القطب الموجب أو السالب اعتمادا على شحنتها ، كبرها ، قوة المجال الكهربائي

المسلط والوسط الذى تجرى فيه عملية الهجرة ٠

ان مثل هذه الدراسة قد أجريت لمعرفة البروتينات الملازمة لكل من المتناظرين اثناء عملية الفصل ٠

ان الطريقة المتبعة هي الهجرة الكهربائية بأستعمال Cellulose-Acetate paper بجهاز ال Microzone Electrophoresis Beckman 152 Microfuge Apparatus ووجود منظم ال Barbitol بدرجة أس هيدروجيني ٦ر٨ ، وطريقة العمل تتلخص باضافة الاجزاء الناضحة ،وخاصة التي تملك اكبر نشاط ، الى Cellulose-acetate paper في خلية الجهاز ويسلط فرق جهد مقداره ٢٥٠ فولت لمدة ١٥ — ١٨ دقيقة ثم ترفع ال -cellulose acetate paper وتوضع في المحلول المثبت لمدة تتراوح بين ٧ — ١٠ دقائق ثم تغسل ثلاث مرات متعاقبة بمحلول ٥% حمض glacial acetic acid بعدها توضع في محلول denatured ethanol لسحب الماء منها وترفع لتوضع في المحلول المظهر لمدة تتراوح بين ١ — ٢ دقيقة ثم توضع في الفرن بدرجة حرارة ٨٠ — ١٠٠°م لمدة لاتقل عن ١٥ دقيقة (39) .

المحاليل المستعملة

١ — المحلول المنظم Beckman B-2 Buffer pH 8.6 : ويحضر بأذابة محتوى الطقم الكيمياوى الجاهز في لتر من الماء المقطر ٠

٢ — المحلول المثبت Fixative-Dye Solution : ويحضر

بتخفيف المحلول المثبت للطقم الجاهز الى ٢٥٠ سم٣ بحيث تكون تراكيز مكوناته كالتالي :

٠ر٢٪ من مادة Ponceau-s-stain، ٣٪ من حمض Trichloroacetic و ٣٪ من حمض sulfosalicylic.

٣ — محلول الفسل Rinse Solution ويتكون من ٥٪ من حمض glacial acetic .

٤ — محلول الكحول Alcohol Dehydration Solution عبارة عن denatured ethanol .

٥ — المحلول المظهر (٣٠٪) Clearing solution ويحضر بتخفيف ٣٠ سم٣ من cyclohexanone الى ١٠٠ سم٣ بـ denatured ethanol .

ج — قياس نشاط متناظرات GPT في مصل دم الاصحاء العراقيين

لقد تم قياس نشاط متناظرات GPT في مصل الدم اعتمادا على طريقة Reitman & Frankel [20] و Orfanos et al [15] بعد تحويرها لتنسجم مع كل التجارب أجريت في هذا الجزء .

طريقة العمل

تتضمن كل تجربة أنابيب الاختبار التالية :

أ — انبوبة الاختبار Test : يضاف ٣ر٠ سم٣ من خزين بتركيز نهائي مقداره ١٦٦٫٥ × ١٠^-٣ من الوزن الجزيئي الغرامي الى ٢ر٠ سم٣ من خزين α-Ketoglutarate بتركيز نهائي مقداره ١٦٦ر١ × ١٠^-٣ من الوزن الجزيئي الغرامي في حجم خليط تفاعل نهائي قدره ٥ر١ سم٣ ، ويوضعان في حمام مائي بدرجة ٣٧° م لمدة ثلاث دقائق ثم يضاف ١ سم٣ من المتناظر ، يخلط ثم يوضع في الحمام المائي وبنفس درجة الحرارة لمدة ساعتين [15] وبعدها يوقف التفاعل بأضافة ١ سم٣ من 2,4-dinitrophenylhydrazine بتركيز ١ × ١٠^-٣ من الوزن الجزيئي الغرامي .

ب — انبوبة الضابط Control : تحتوي على ٣ر٠ سم٣ من خزين (+) DL-Alanine ، ٢ر٠ سم٣ من خزين α-ketoglutarate و ١سم٣ من محلول 2,4-dinitrophenylhydrazine ثم

يمزج الخليط جيدا ويضاف ١ سم٣ من المتناظر ويمزج مرة أخرى ٠

جـ — انبوبة القياس Standard: تحتوى على ٣ ر٠ سم٣ من خزين DL-alanine (+) ، ٢ ر٠ سم من خزين α-ketoglutarate ، ٦ ر٠ سم٣ من الماء المقطر و ٤ ر٠ سم٣ من محلول Sodium pyruvate بتركيز ٢ × ١٠$^{-٣}$ من الوزن الجزيئي الغرامي ثم يضاف ١سم٣ من 2,4-dinitrophenylhydrazine ويمزج الخليط جيدا ٠

د — كفيء الكواشف Blank

تستعمل الطريقة المذكورة في (أ) تماما مع استبدال المتناظر بالماء المقطر ٠

بعد ترك الانابيب الأربعة أعلاه لمدة ٢٠ دقيقة بالضبط في درجة حرارة الغرفة يضاف ١٠ سم٣ من ٤ر٠ عياري NaOH الى كل انبوب وتخلط جيدا ومن شدة اللون المتكون يمكن معرفة نشاط الانزيم وذلك بأخذ الامتصاص في طول موجي قدره ٥٠٥ نانومتر (15).

ويحسب النشاط من خلال كمية ال Pyruvate المتكونة بدقيقة واحدة لكل لتر من مصل الدم وحسب المعادلة التالية :

كمية Pyruvate المتكونة / دقيقة / لتر من المصل =

$$\frac{\text{قراءة الاختبار} - \text{قراءة الضابط}}{\text{قراءة القياس} - \text{قراءة كفيء الكواشف}} \times \frac{٠٫٤}{\text{الزمن}} \times \frac{١٠٠٠}{\text{حجم المصل}}$$

وبالرجوع الى جداول خاصة (10) يمكن حساب نشاط الانزيم مقدرا بالوحدة العالمية التي تعرف بأنها كمية الانزيم التي تحرر 1×10^{-6} من الوزن الجزيئي الغرامي من المواد الناتجة من التفاعل في الدقيقة الواحدة .

المحاليل المستعملة

١ — محلول الفوسفات المنظم (0.1M Phosphate Buffer)

يحضر بأذابة ٣٫٩٧ اغم من Potassium monohydrogen phosphate K_2HPO_4 (M.wt = 174.18) و ٢٫٦٩ غم من Potassium dihydrogen phosphate KH_2PO_4 (M.wt = 136.09) في الماء المقطر ويكمل الحجم الى اللتر ، فنحصل على منظم بدرجة أس هيدروجيني ٧٫٤ ويحفظ في الثلاجة .

٢ — خزين DL - Alanine (+)(١ من الوزن الجزيئي الغرامي)

يحضر بأذابة ٨٫٩٠٥ غم من ((+) DL - alanine (M.wt = 89.05) في حوالي ٢٠ سم٣ من الماء المقطر وينظم لدرجة أس هيدروجيني ٧٫٤ بأستخدام قطرات من محلول ١ عياري NaOH ثم يكمل الحجم الى ١٠٠ سم٣ بمحلول الفوسفات المنظم ويحفظ بدرجة — ٢٠°م .

٣ — خزين α-Ketoglutarate (15×10^{-3} من الوزن الجزيئي الغرامي)

يحضر بأذابة ٠٫٢١٩٠١ غم من α-Ketoglutarate (M.wt = 146.01) في قليل من الماء المقطر وينظم المحلول

لدرجة أس هيدروجيني ٤ ر٧ بأستخدام قطرات من محلول ١ عيارى NaOH ويكمل الحجم الى ١٠٠ سم٣ بمحلول الفوسفات المنظم ويحفظ بدرجة ـ ٢٠° م .

٤ ـ 2,4-Dinitrophenylhydrazine (١ × ١٠ ـ٣ من الوزن الجزيئي الغرامي)

يحضر بأذابة ٨ ر١٩ ملغم من 2,4-dinitrophenylhydrazine (M.wt = 198.15) في ١٠ سم٣ من حمض HCl المركز ، ويكمل الحجم الى ١٠٠ سم٣ بالماء المقطر ويحفظ في قنينة معتمة وبدرجة حرارة الغرفة أو الثلاجة .

٥ ـ محلول Sodium Pyruvate (١ × ١٠ ـ٣ من الوزن الجزيئي الغرامي)

يحضر بأذابة ٠٠٥ر١١ ملغم من Sodium Pyruvate (M.wt = 110.05) في ١٠٠ سم٣ من محلول الفوسفات المنظم ويحفظ بدرجة ـ ٢٠° م .

٦ ـ NaOH (٤ر٠ عيارى)

يحضر بأذابة ١٦ غم من NaOH (M.wt = 40) في الماء المقطر ويكمل الحجم الى الليتر .

د ـ الدراسات الحركية لمتناظرى GPT I, II

١ ـ تعيين التركيز الأمثل لـ (+)DL-alanine لمتناظرى GPT I, II

تمت دراسة تأثير التراكيز المختلفة لـ (+)DL-alanine

على سرعة التفاعل للمتناظرين I و II في مصل دم الأشخاص العراقيين بأستعمال الطريقة المذكورة سابقا في (ج) وتم تثبيت تركيز ال α-Ketoglutarate (١,٦٦ × ١٠$^{-٣}$ من الوزن الجزيئي الغرامي) وتغيير تركيز ال (+)DL-alanine فكان خليط التفاعل يحتوى على مايلي :

١ ر٠ من الوزن الجزيئي الغرامي من المحلول المنظم بدرجة أس هيدروجيني ٧,٤ ، ١ سم^{٣} من محلول الجزء الناضح للمتناظرين I و II ، ١,٦٦ × ١٠$^{-٣}$ من الوزن الجزيئي الغرامي ل α-Ketoglutarate ، أما تراكيز (+)DL-alanine ، محسوبة بالوزن الجزيئي الغرامي ، المتناظرين I و II وعلى التوالي فكانت :

(١٠ ، ٢٠ ، ٤٠ ، ٦٠ ، ٨٠ ، ١٠٠) × ١٠$^{-٣}$ و

(٤٠ ، ٨٠ ، ١٢٠ ، ١٦٦,٦ ، ١٧٤ و ٢٠٠) × ١٠$^{-٣}$

ومن رسم العلاقة بين سرعة التفاعل وتركيز (+) DL-alanine تم حساب التركيز الأمثل ل (+)DL-alanine لمتناظرى GPT I و II حيث تصل فيه سرعة التفاعل الى قيمتها القصوى .

٢ — تعيين التركيز الأمثل ل α -Ketoglutarate لمتناظرى GPT II,I

بأستعمال تركيز معين من (+)DL-alanine (٨٠ × ١٠$^{-٣}$ من الوزن الجزيئي الغرامي للمتناظر I و ١٦٦,٥ × ١٠$^{-٣}$ من الوزن

الجزيئي الفرامي للمتناظر II) وتراكيز مختلفة من α-Ketoglutarate وبأستعمال الطريقة المذكورة في (ج) ، تم تعيين التركيز الأمثل لـ α-Ketoglutarate لمتناظري مصل الدم فكان خليط التفاعل يحتوى على :

١ر٠ من الوزن الجزيئي الفرامي من المحلول المنظم بدرجة اس هيدروجيني ٤ر٧ ، تراكيز DL-alanine(+) كانت (٨٠×١٠$^{-٣}$ و ٥ر١٦٦ × ١٠$^{-٣}$) من الوزن الجزيئي الفرامي للمتناظرين I و II وعلى التوالي ، أما تراكيز α-Ketoglutarate ، محسوبة بالوزن الجزيئي الفرامي فكانت :

(٢٥ر٠ ، ٥ر٠ ، ١ ، ٢ر١ ، ٦٦ر١ و ٢) × ١٠$^{-٣}$ للمتناظر I و

(٤ر٠ ، ٨ر٠ ، ٢ر١ ، ٦٦ر١ ، ٧٤ر١ و ٢) × ١٠$^{-٣}$ للمتناظر II

ترسم العلاقة بين سرعة التفاعل وتراكيز α-Ketoglutarate المختلفة لمعرفة التراكيز المثلى للمتناظرين I و II .

٣ — تعيين قيم الثابت Km للمواد الأساس لمتناظري GPT : I و II

لقد أستعملت الطرق المذكورة اعلاه في (د — ١ ، د — ٢) لتعيين قيم الثابت Km للمواد الأساس ، وللحصول على قيم Km أستعملت الطرق التالية في الرسم :

أ — طريقة لنويفر — بورك التي تربط القيم العكسية لكل من السرعة وتراكيز المادة الأساس (51) .

ب — طريقة هانز التي تربط قيم تركيز المادة الأساس مقسوما على السرعة الأولية مع تركيز المادة الأساس (52) .

٤ ـ تأثير درجة الأسّ الهيدروجيني على متناظرى GPT I و II

تمت دراسة تأثير درجات الأسّ الهيدروجيني على نشاط المتناظرين I و II وفي درجات الأسس الهيدروجينية التالية من منظم الفوسفات :

(٦ر٦ ، ٦٦ر٦ ، ٧ ، ٤ر٧ ، ٨ر٧ ، ٢ر٨ و ٦ر٨) حيث تم قياس نشاطهما بأستعمال الطريقة المذكورة في (جـ) .

احتوى خليط التفاعل على : ١ر٠ من الوزن الجزيئي الغرامي من منظم الفوسفات (بدرجات أس هيدروجيني مختلفة) ، $٢ر١ \times ١٠^{-٣}$ و $٦٦ر١ \times ١٠^{-٣}$ من الوزن الجزيئي الغرامي لـ α-Ketoglutarate للمتناظرين I و II وعلى التوالي بينما كانت تراكيز DL-alanine (+) للمتناظرين I و II ، مقاسة بالوزن الجزيئي الغرامي وعلى التوالي كالاتي :

١٢٠×١٠^{-٣} و $٥ر١٦٦ \times ١٠^{-٣}$

وبعدها تم رسم العلاقة بين سرعة التفاعل ودرجة الأسّ الهيدروجيني لمعرفة تصرف المتناظرين I و II لـ GPT .

٥ ـ تأثير درجة الحرارة على نشاط المتناظرين I و II لـ GPT

احتوى خليط التفاعل على التراكيز التالية من DL-alanine (+) و α-Ketoglutarate على التوالي :

(٨٠×١٠^{-٣} ، $٢ر١ \times ١٠^{-٣}$) من الوزن الجزيئي الغرامي

للمتناظر I و (٥ر١٦٦ × ١٠$^{-3}$ ، ٦٦ر١ × ١٠$^{-3}$) من الوزن الجزيئي الغرامي للمتناظر II

أما درجات الحرارة التي حضن فيها الخليط فكانت ١٠ْم ، ٢٥ْم ، ٣٧ْم ، ٤٥ْم ، ٥٥ْم و ٧٠ْم . وقد تم قياس درجة الحرارة المثلى للمتناظرين I و II وذلك من رسم العلاقة بين سرعة التفاعل ودرجات الحرارة المقابلة .

٦ - خصوصية المادة الأساس لمتناظرى GPT I و II

أجريت دراسة تأثير مواد مختلفة كمواد أساس للمتناظرين I و II ، بدلا من DL-alanine(+) وأستعمل نفس التركيز الأمثل ل DL-alanine (+) (٨٠ × ١٠$^{-3}$ من الوزن الجزيئي الغرامي للمتناظر I و ٥ر١٦٦ × ١٠$^{-3}$ من الوزن الجزيئي الغرامي للمتناظر II) في هذه المواد .

أما المواد المستعملة فكانت :

N-glycyl-L-leucine, DL-Serine, L-glutamate, N-(N-glycylglycyl) glycine, L-asparagine, N-glycyl glycine and L-cysteine.

المحاليل المستعملة

١ - خزين L-asparagine(بتركيز ١ من الوزن الجزيئي الغرامي)

يحضر بأذابة ٥٠١٤ر١ غم من L-asparagine (M.wt = 150.14) في ٢ سم٣ من الماء المقطر ، وتنظم درجة

الاس الهيدروجيني الى ٤ ر٧ بأستخدام قطرات من ١ عياري NaOH ثم يكمل الخجم الى ١٠ سم٣ بمحلول الفوسفات المنظم .

٢ — خزين DL-Serine (بتركيز ١ من الوزن الجزيئي الفرامي)

يحضر بأذابة ٠٥١٠ ر١ غم من DL - Serine (M.wt = 105.1) في ٢ سم٣ من الماء المقطر ، وتنظم درجة الاس الهيدروجيني الى ٤ر٧ باستخدام قطرات من ١ عياري NaOH ثم يكمل الحجم الى ١٠ سم٣ بمحلول الفوسفات المنظم .

٣ — خزين L-Glutamate (بتركيز ١ من الوزن الجزيئي الفرامي)

يحضر بأذابة ٤٧٢٠ ر١ غم من L - glutamate (M.wt = 147.2) في ٢سم٣ من الماء المقطر ، وتنظم درجة الاس الهيدروجيني الى ٤ر٧ باستعمال قطرات من ١ عياري NaOH ويكمل الحجم الى ١٠ سم٣ بمحلول الفوسفات المنظم .

٤ — خزين N-glycylglycine (بتركيز ١ من الوزن الجزيئي الفرامي)

يحضر بأذابة ٣٢١٢ ر١ غم من N-glycylglycine (M.wt = 132.12) في ٢ سم٣ من الماء المقطر وتنظم درجة الاس الهيدروجيني الى ٤ر٧ بأستعمال قطرات من ١ عياري NaOH ويكمل الحجم الى ١٠ سم٣ بمحلول الفوسفات المنظم .

٥ — خزين N-(N-glycylglycyl)glycine (بتركيز ١ من الوزن الجزيئي الفرامي)

يحضر بأذابة ٨٩١٧ ر١ غم من N-(N-glycylglycyl) glycine (M.wt = 189.17) في ٢سم٣ من الماء المقطر

وتنظم درجة الأس الهيدروجيني الى ٤ر٧ • بأستعمال قطرات من ١ عياري NaOH ويكمل الحجم الى ١٠ سم٣ بمحلول الفوسفات المنظم •

٦ — خزين N-glycyl-L-leucine (بتركيز ١ من الوزن الجزيئي الغرامي)
يحضر بأذابة ٨٨٢٣ر١ غم من N-glycyl-L-leucine (M.wt = 188.23) في ٢ سم٣ من الماء المقطر ، وتنظم درجة الأس الهيدروجيني الى ٤ر٧ ويكمل الحجم الى ١٠ سم٣ بمحلول الفوسفات المنظم •

٧ — خزين L-cysteine (بتركيز ١ من الوزن الجزيئي الغرامي)
يحضر بأذابة ٢١١٥ر١ غم من L-apteine (M.wt = 121.15) في ٢ سم٣ من الماء المقطر ، وتنظم درجة الأس الهيدروجيني الى ٤ر٧ ويكمل الحجم الى ١٠ سم٣ بمحلول الفوسفات المنظم •

٧ ــ كبت متناظرات GPT I و II بحمض Maleic

تمت دراسة تأثير حمض maleic على نشاط المتناظرين I و II تكافؤ تراكيز ال DL-alanine(+)، مقاسة بالوزن الجزيئي الغرامي ، المستعملة لكلا المتناظرين كالتالي :

(٢٥ ، ٥٠ ، ١٠٠ و ٢٠٠) × ١٠ $^{-٣}$ يقابلها تركيز أمثل من α-Ketoglutarate للمتناظر I وقدره ٢ ر١ × ١٠ $^{-٣}$ من الوزن الجزيئي الغرامي و ٦٦ر١ × ١٠ $^{-٣}$ من الوزن الجزيئي الغرامي للمتناظر II .

وقد أعيدت نفس التجربة بأستعمال تراكيز مختلفة من α-Ketoglutarate للمتناظرين I و II (٢٥ر٠ ، ٥ر٠ ، ١ و ٢) × ١٠ $^{-٣}$ من الوزن الجزيئي الغرامي يقابلها تركيز أمثل من DL-alanine(+) للمتناظر I وقدره ٨٠ × ١٠ $^{-٣}$ من الوزن الجزيئي الغرامي و ٥ر١٦٦ × ١٠ $^{-٣}$ من الوزن الجزيئي الغرامي للمتناظر II .

علما بأن التجربتين أعلاه تمت بوجود تركيزين من حمض maleic وهما (٣ × ١٠ $^{-٣}$ و ٨ × ١٠ $^{-٣}$) من الوزن الجزيئي الغرامي .

المحاليل المستعملة

محلول حمض maleic (بتركيز ١٢٠ × ١٠ $^{-٣}$ من الوزن الجزيئي الغرامي) يحضر بأذابة ٣٩٢٨ر١ غم من حمض maleic (M.wt = 116.07) في ١٠ سم٣ من محلول الفوسفات المنظم .

٨ — دراسة آلية المتناظرين I و II لـ GPT

تم استعمال تراكيز مختلفة من (+)DL-alanine بوجود تراكيز مختلفة من α-Ketoglutarate لقياس نشاط المتناظرين فكانت تراكيز الـ (+)DL-alanine و α-Ketoglutarate (مقاسة بالوزن الجزيئي الغرامي) المستعملة لمتناظري GPT I و II وعلى التوالي :

(٢٥ ، ٥٠ ، ١٠٠ و ٢٠٠) × $١٠^{-٣}$ من (+)DL-alanine

و (٢٥ر٠ ، ٥ر٠ ، ١ و ٢) × $١٠^{-٣}$ من α-Ketoglutarate

رسمت العلاقة بين مقلوب السرعة ومقلوب تراكيز (+)DL-alanine في تراكيز مختلفة من α-Ketoglutarate وبالعكس لمعرفة تصرف المتناظرين تجاههما .

Chapter three

Tables

جـــــدول – ١ –

تنقيـة متناظـرات الانزيـم GPT I و II مـن مصـل الـدم البشـــرى الطبيعـي كمـا هـو مذكـور في الجـزء (٢ ـ أ) من تجـارب البحـث ٠

الخطـــــوة	حجم الجزء (ملليتـر)	تركيز البروتين (ملغم/مل)	كمية البروتين الكليـــه	نشاط الانزيم (وحـــده عالميه/لتر)	الفعاليـه النوعيـه (وحـده عالميه/ملغم)	درجـه التنقيه
١ ٠مصل الدم	١	٦٨ر١	٦٨ر١	٢٥ر١٣	١٩٤ر٠	١
٢ ٠ الجزء الناضج خلال الجل أ ـ الجزء الناضج (المتناظر I)	٣	٠٤ر٢	١٢ر٦	٣ر٤	٦٧ر١	٦ر٨
ب ـ الجزء الناضج (المتناظر II)	٣	٠٧ر١	٢١ر٣	٢ر٤	٩ر٣	٢٠

جـــدول ــ ٢ ــ

طريقتــان لقياس قيـم Km للمتناظرين I و II مقاســة بوحدات mM فــي درجــة ٣٧ْ م ٠

أســتعملت تراكيز مثلى من مادتـــي الاســـــاس (+) DL-alanine و α-Ketoglutarate فكانــت على التوالي : ٨٠ × ١٠$^{-3}$ و ٢ر١ × ١٠$^{-3}$ مــن الوزن الجزيئي الغرامي للمتناظــر I و ٥ر١٦٦ × ١٠$^{-3}$ و ٦٦ر١ ١٠$^{-3}$ مــن الوزن الجزيئي الغرامي للمتناظر II حســب ماهو مذكــور في الجزء ١ ــ د مــن تجــارب البحـــث ٠

الانزيـــم	المــادة الاســـــاس	قيـم Km مقاسة بوحـدات mM	
		$\frac{1}{V}$ Vs. $\frac{1}{S}$ **	$\frac{S}{V}$ Vs. S *
المتناظر I	(+)DL-Alanine	١ر٥٧	٥٧
	α-Ketoglutarate	١ر١	١
المتناظر II	(+)DL-Alanine	١٩٦	١٩٥
	α-Ketoglutarate	٦٦ر١	٦٥ر١

* طريقــة هانـــز

** طريقــة لنويفــر ــ بـــورك

جـــدول ــ ٣ ـ

الطاقـة المنشـطة Ea (مقاسـة بالسـعرات الحرارية) والثابت Q_{10}
لمتناظـرى GPT I و II من مصـل الـدم البشـرى الطبيعـى .

تـم استخراج قيمـة Ea من تعييـن ميـل الخط البيانـى المنحنـى فـى
رسـم لوغاريتـم السـرعة القصـوى ضـد معكوس درجـة الحرارة المطلقـة كمـا تـم
تعييـن قيمـة Q_{10} من المعادلـــة التاليـة وحسـب ماهـــو مذكــور فــى
الجـــزء ٣ مـــن المناقشــة :

$$Ea = \frac{2.3 \ RT_2T_1 \ \text{Log} \ Q_{10}}{10}$$

Q_{10}	الطاقة المنشـطة Ea	الانزيـــم
١,٥	٧٨٣٤,٥	المتناظـر I
١,٢٥	٤٣١٧	المتناظـر II

جدول – ٤ –

خصوصية المواد المختلفة تجاه متناظري GPT I و II في درجة ٣٧°م محسوبة بالنسبة المئوية للكبت * كانت تراكيز المواد المختلفة المستعملة في التراكيز المثلى لمادة الأساس DL-alanine(+) وهي (٨٠ x ١٠^-٣ و ٥ر١٦٦ x ١٠^-٣) من الوزن الجزيئي الغرامي وللمتناظر I و II على التوالي حسب ماهو مذكور في الجزء ٦ من تجارب البحث ٠

الانزيم	المادة الاساس						
	DL-Serine	L-Cysteine	L-Asparagine	L-Glutamate	N-Glycyl-Glycine	N-(N-Glycyl glycyl) glycine	N-Glycyl-L-Leucine
المتناظر I	٧٦ر٧	٩٧ر٣	١٠٠	١٠٠	٩١ر٣٣	٦٨	٤٣ر٣٣
المتناظر II	٦٦ر٧	٩٤ر٢	١٠٠	١٠٠	٨١ر٨	٥٠ر٣٣	٣٠

$$\text{* \% الكبت} = \frac{\text{نشاط الانزيم مع DL-alanine(+) – نشاط الانزيم مع المادة الاساس}}{\text{نشاط الانزيم مع DL-alanine(+)}} \times 100$$

جـــدول ـــ ٥ ـــ

قيـــم Ki` لـ DL-alanine(+) للمتناظرين I و II لـ GPT مصـــل الـــدم البشـــرى الطبيعي بوجـــود تركيزين من حمض maleic وبدرجـــة ٣٧°م ٠ استـــعملت أربعة تراكيز من DL-alanine(+) (٢٥ ، ٥٠ ، ١٠٠ و ٢٠٠) × ١٠$^{-٣}$ مـــن الوزن الجزيئي الغرامـــي وللمتناظرين I و II بوجـــود التراكيـــز المثلى مـــن α-Ketoglutarate حســـب ماهـــو مذكـــور فـــي الجـــزء ٧ مـــن تجـــارب البحـــث ٠

الانزيـــــــم	قيم Ki` (DL-alanine(+) مقاسة بوحدات mM		تركيـــــز الكابت بوحدات mM
	$\frac{1}{V}$ Vs. $\frac{1}{S}$	$\frac{S}{V}$ Vs.S	
المتناظر I	٩٫٥	٩	٣
	١٤٫٥	١٣	٨
المتناظر II	٢٫١	١٫٩٩	٣
	٢٫٨٥٥	٢٫٨	٨

جـــدول — ٦ —

قيـم Ki(α-Ketoglutarate) للمتناظريـن I و II لـ GPT مصـل الـدم البشـرى الطبيعي بوجود تركيزيـن من حمض maleic في د رجــــة ٣٧°م ٠ أستعملت أربعة تراكيز من α-Ketoglutarate (٢٥ر٠ ، ٥ر٠ ، ١ و ٢) × ١٠^{-٣} مـن الوزن الجزيئـي الغرامـي وللمتناظريـن I و II بوجود التراكيز المثلـى من DL-alanine(+) حسـب ماهـو مذكـور في الجزء ٧ مـن تجـــارب البحـــث ٠

الانزيـــم	قيم Ki لـ α-Ketoglutarate مقاسة بوحدات mM		تركيـز الكابت بوحدات mM
	$\frac{1}{V}$ Vs. $\frac{1}{s}$	$\frac{S}{V}$ Vs.S	
المتناظر I	٧	١ر٧	٣
	٨	٤ر٨	٨
المتناظر II	٩٢ر٥	٢٥ر٥	٣
	٣ر٥	٧٩ر٥	٨

جـدول - ٧ -

نسبة الكبت باستعمال تركيزين (٣ × $١٠^{-٣}$ و ٨ × $١٠^{-٣}$) من الوزن الجزيئي الغرامي لحمض maleic في درجة ٣٧ْ م ولمتناظري GPT مصل الدم البشري الطبيعي I و II . تراكيز المواد الأساس المستعملة كانت (٢٥ ، ٥٠ ، ١٠٠ ، ٢٠٠) × $١٠^{-٣}$ من الوزن الجزيئي الغرامي لـ (+)DL-alanine و (٢٥ر٠ ، ٥ر٠ ، ١ و ٢) × $١٠^{-٣}$ من الوزن الجزيئي الغرامي لـ α-Ketoglutarate حسب ما هو مذكور في الجزء - ٧ من تجارب البحث .

الأنزيم	المادة الأساس	تركيز الكابت مقاسا بوحدات mM	% الكبت*
المتناظر I	(+)DL-alanine	٣	٢٦
		٨	٤٠
	α-Ketoglutarate	٣	٣٣ر٤
		٨	٥٠
المتناظر II	(+)DL-alanine	٣	٢٦ر٥
		٨	٤٤ر٥
	α-Ketoglutarate	٣	١٩ر٥
		٨	٣٧ر٥

$$\text{* \% الكبت} = \frac{\text{نشاط الانزيم بدون الكابت} - \text{نشاط الانزيم مع الكابت}}{\text{نشاط الانزيم بدون الكابت}} \times ١٠٠$$

Chapter four

Figures

١) فصل متناظرات الانزيم GPT من مصل الدم البشرى :

الشكل (١)

فصل مجموع متناظرات GPT مصل الدم الى متناظرين وذلك من رسم فعالية الانزيم وكمية البروتين وعدد الأجزاء الناضحة خلال الجل المبادل للأيونات السالبة DEAE Sephadex A-50 .

طريقة العمل مذكورة في الجزء ـ أ من تجارب البحث .

الشكل (١ ـ أ)

فصل بروتينات الجزء الناضح (المتناظر I) ، خلال الجل DEAE Sephadex A-50 ، بطريقة الهجرة الكهربائية .

الشكل (١ ـ ب)

كما هو في تعليق الشكل (١ ـ أ) ولكن للمتناظر II .

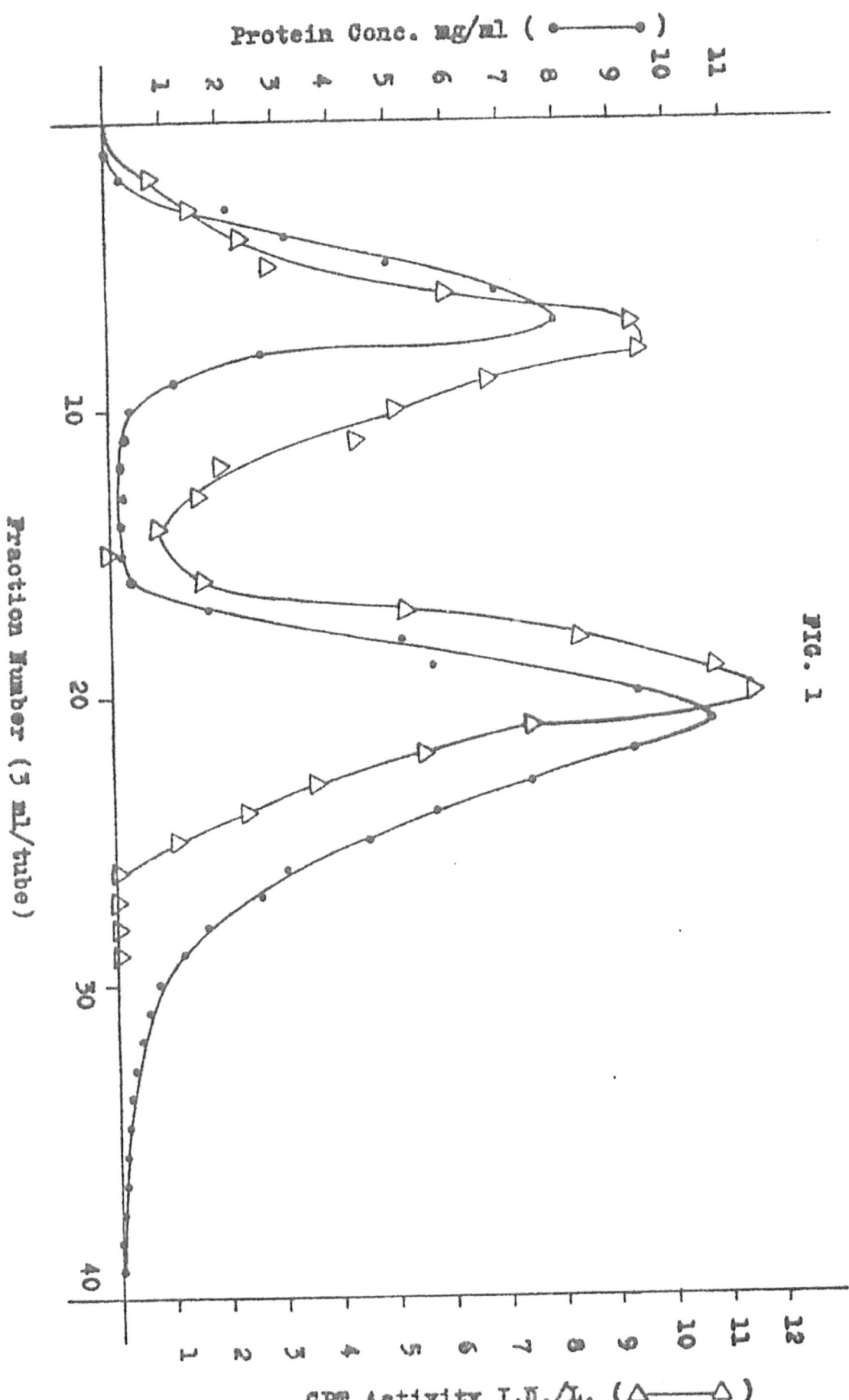

Protein Conc. mg/ml (•——•)
Fraction Number (3 ml/tube)
GPT Activity I.U./L. (△——△)

FIG. 1

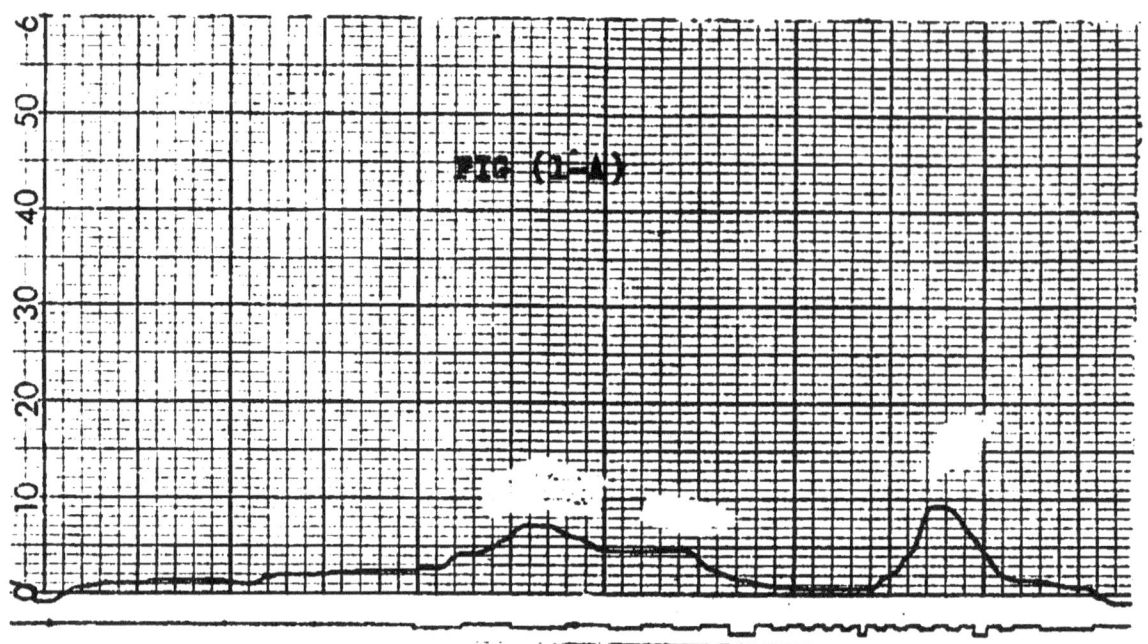

FIG (1-A)

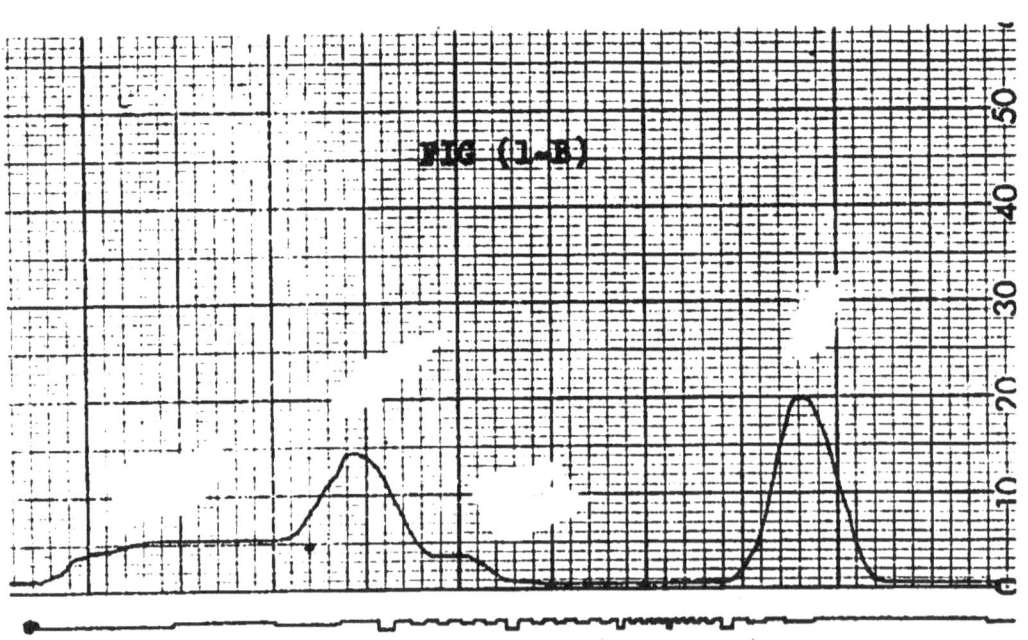

FIG (1-B)

٢) تعييـن تراكيز المواد الأسـاس المثلى لمتناـظرى GPT : I و II

الشـكل (٢)
_____

التركيـز الأمثـل لـ DL-alanine(+)   للمتناـظر I لمصـل الـدم الدم البشـرى في درجة ٣٧ م مستخرجا من رسـم العلاقـة بيـــن السـرعة الاوّليـة وتركيز DL-alanine(+).

التراكيـز المستـعملة من DL-alanine(+)   وطريقة القياس مذكـورة فـي الجـزء (د ــ ١) مـن تجـارب البحـث .

الشـكل (٣)
_____

التركيز الأمثـل لـ α-Ketoglutarate للمتناـظر I لمصـل الـدم البشـرى في درجـة ٣٧ م مستخرجا من رسـم العلاقـة بيـــن السـرعة الاوّلية وتركيز α-Ketoglutarate .

التراكيـز المستـعملة من α-Ketoglutarate وطريقـة القياس مذكـورة في الجـزء (د ــ ٢) مـن تجـارب البحـث .

الشـكل (٤)
_____

كما هـو مذكور في تعليق الشـكل (٢) ولكن للمتناـظر II لمصـل الـدم البشـرى .

الشـكل (٥)
_____

كما هـو مذكور في تعليق الشكل (٣) ولكن للمتناـظر II لمصـل الـدم البشـرى .

FIG. 2

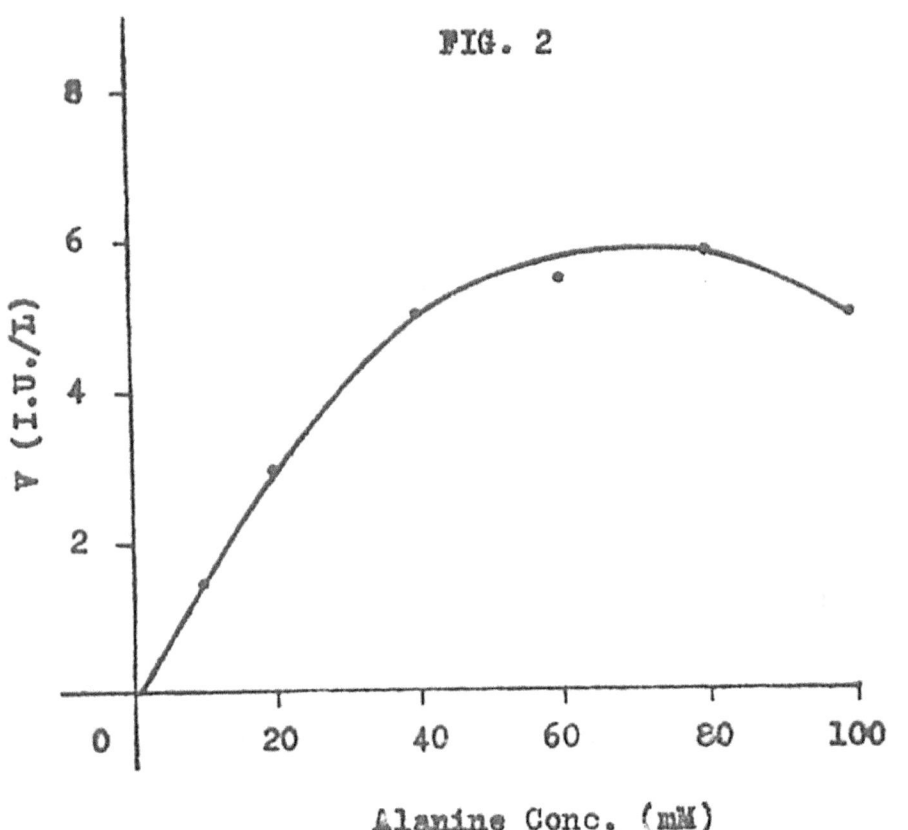

V (I.U./L)
8
6
4
2
0
20
40
60
80
100
Alanine Conc. (mM)

FIG. 3

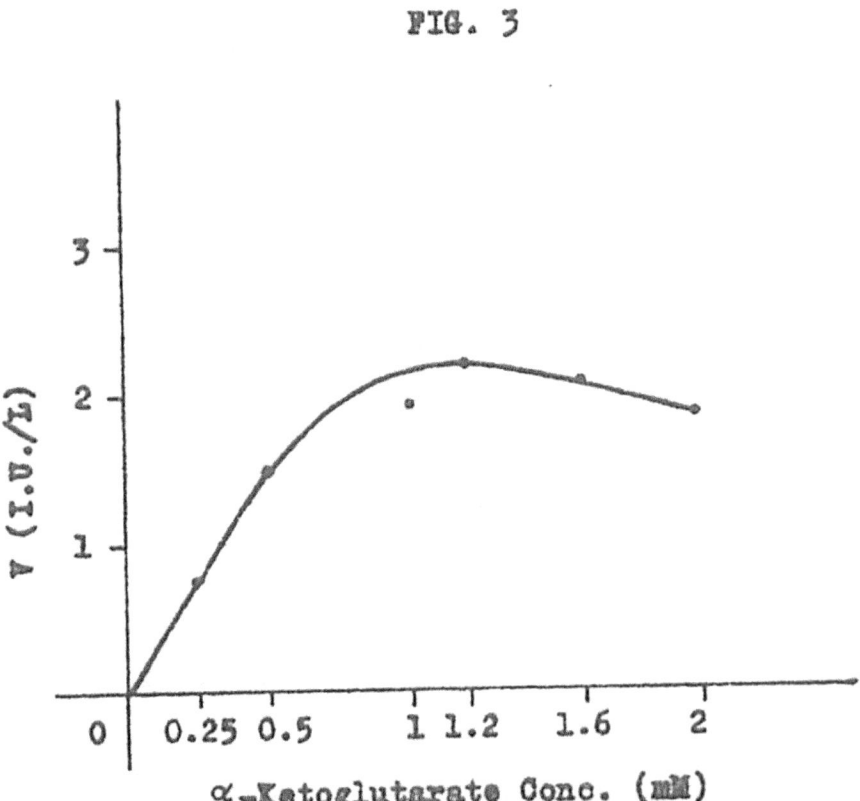

V (I.U./L)
3
2
1
0
0.25
0.5
1
1.2
1.6
2
α-Ketoglutarate Conc. (mM)

٣) تعيين قيم معامل التداخل n لمواد أساس متناظرى GPT

الشـكل (٦ ـ أ)

العلاقة بين $\text{Log} \dfrac{V}{V_{max.} - V}$ و Log (alanine)

للمتناظر I لمصل الدم البشرى .

الشكل (٦ ـ ب)

العلاقة بين $\text{Log} \dfrac{V}{V_{max.} - V}$ و Log(α-Ketoglutarate)

للمتناظر I لمصل الدم البشرى .

الشـكل (٧ ـ أ)

كما هو مذكور في تعليق الشكل (٦ ـ أ) ولكن للمتناظر II
لمصل الدم البشرى .

الشكل (٧ ـ ب)

كما هو مذكور في تعليق الشكل (٦ ـ ب) ولكن للمتناظر II
لمصل الدم البشرى .

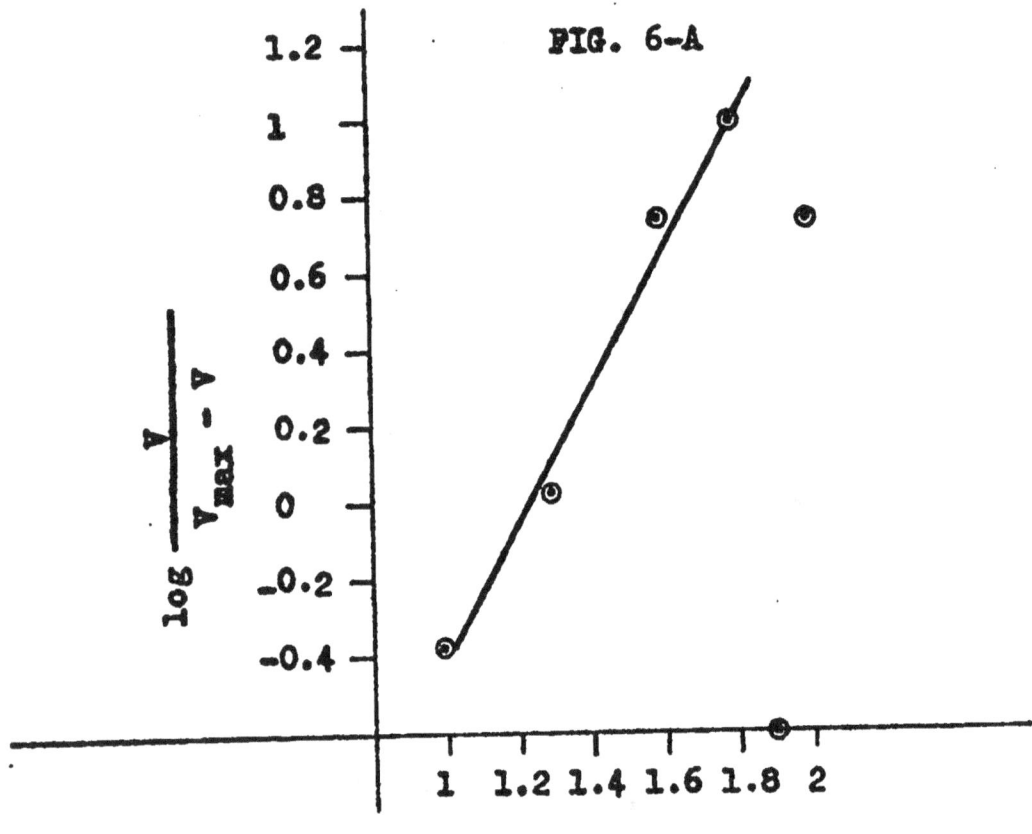

11

FIG. 6-A

log Alanine

٤) تعيين قيم الثابت Km لمواد أساس متناظرى GPT : I و II

الشكل (٨ ـ أ)

طريقة لنويفر ـ بورك لقياس Km ((+)DL-alanine)
للمتناظر I • طريقة العمل والتراكيز المستعملة مذكورة في الجزء
(د ـ ٣) من تجارب البحث •

الشكل (٨ ـ ب)

كما هو مذكور في تعليق الشكل (٨ ـ أ) ولكن بطريقة هانز •

الشكل (٩ ـ أ)

كما هو مذكور في تعليق الشكل (٨ ـ أ) ولكن
للمتناظر II •

الشكل (٩ ـ ب)

كما هو مذكور في تعليق الشكل (٨ ـ أ) ولكن بطريقة
هانز وللمتناظر II •

الشكل (١٠ ـ أ)

طريقة لنويفر ـ بورك لقياس Km (α-Ketoglutarate)
للمتناظر I • طريقة العمل والتراكيز المستعملة مذكورة في الجزء
(د ـ ٣) من تجارب البحث •

الشكل (١٠ ــ ب)

_____

كما هو مذكور في تعليق الشــكل (١٠ ــأ) ولكن بطريقة هانــز ٠

الشــكل (١١ ــأ)

_____

كما هـــو مذكــــور في تعليــق الشــكل (١٠ ــأ) ولكـــن
للمتنا ظـر II ٠

الشــكل (١١ ــ ب)

_____

كمــا هـــو مذكــور فــي تعليـــق الشــكل (١٠ ــأ) ولكـــن
بطريقــة هانـــز وللمتنا ظـــر II ٠

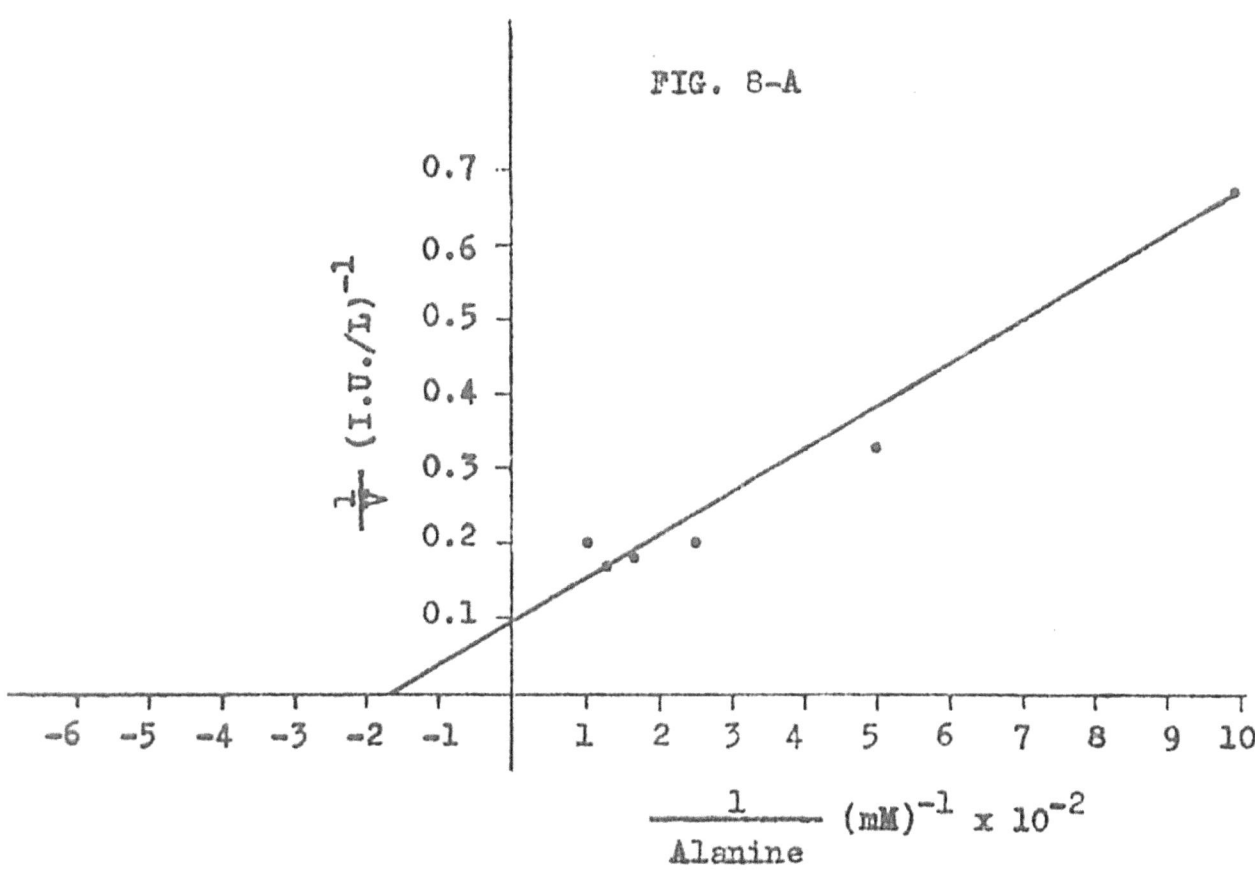

FIG. 8-A

0.7
0.6
0.5
0.4
0.3
0.2
0.1
1/V (I.U./L)^-1
-6 -5 -4 -3 -2 -1 1 2 3 4 5 6 7 8 9 10
1/Alanine (mM)^-1 x 10^-2

FIG. 8-B

20
18
16
14
12
10
8
6
4
2
Alanine (mM) / V (I.U./L)
-60 -40 -20 20 40 60 80 100
Alanine (mM)

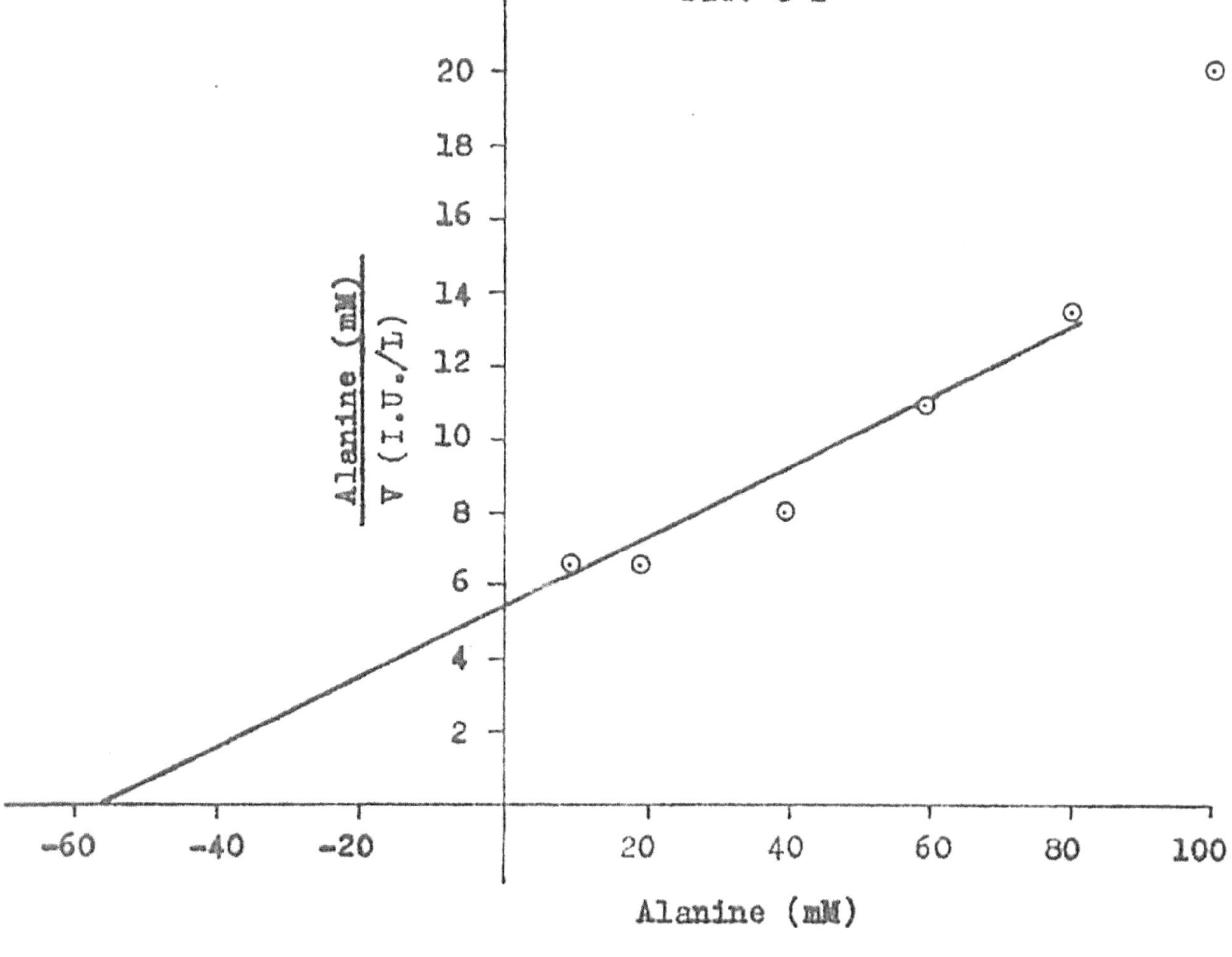

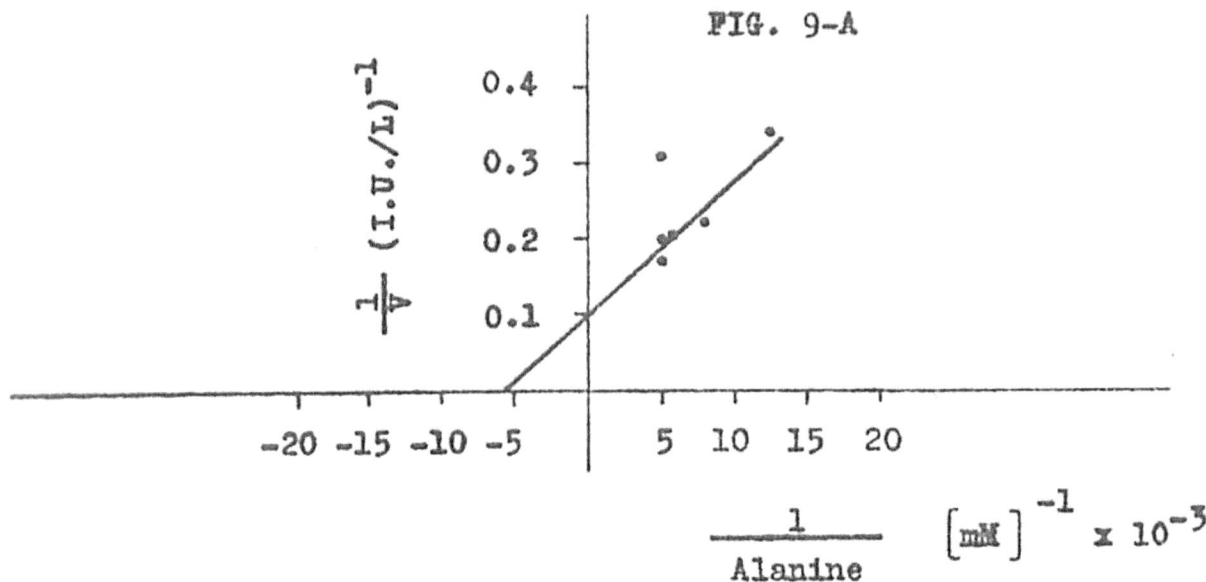

FIG. 9-A

1/V (I.U./L)^-1
0.4
0.3
0.2
0.1
-20 -15 -10 -5
5 10 15 20
1/Alanine [mM]^-1 x 10^-3

FIG. 9-B

Alanine (mM) / Velocity (I.U./L)
40
35
30
25
20
15
10
5
-200 -150 -100 -50
50 100 150 200
Alanine Conc. (mM)

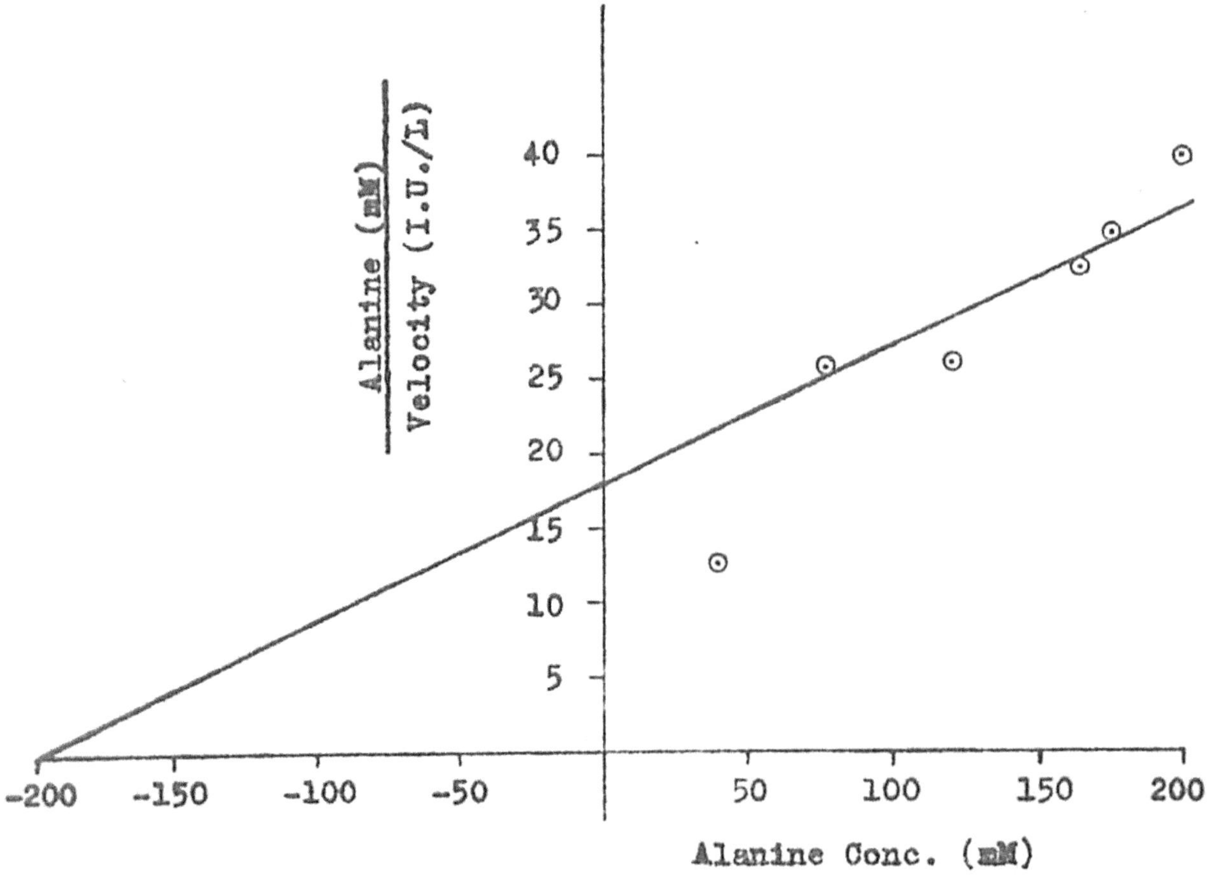

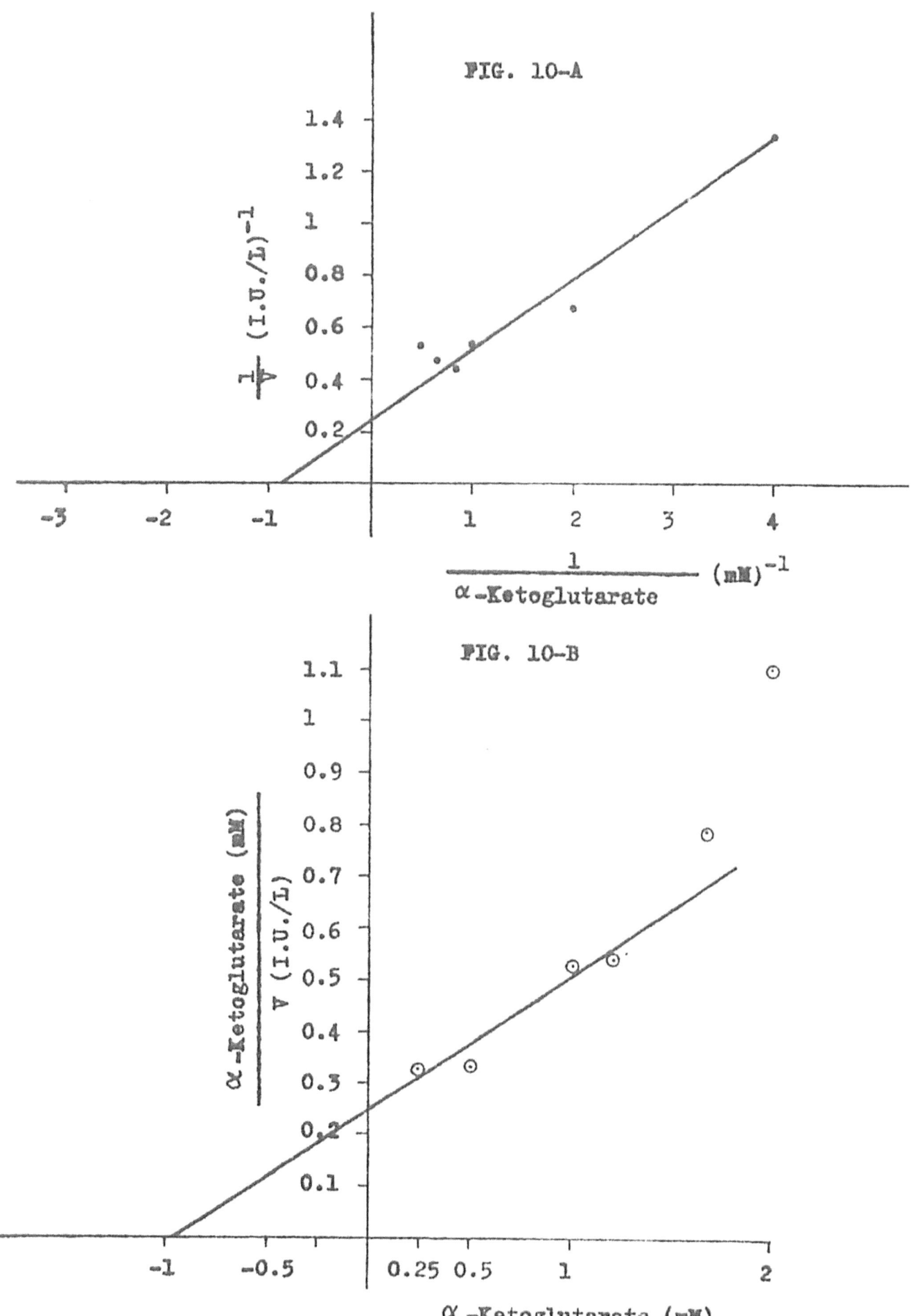

FIG. 10-A

FIG. 10-B

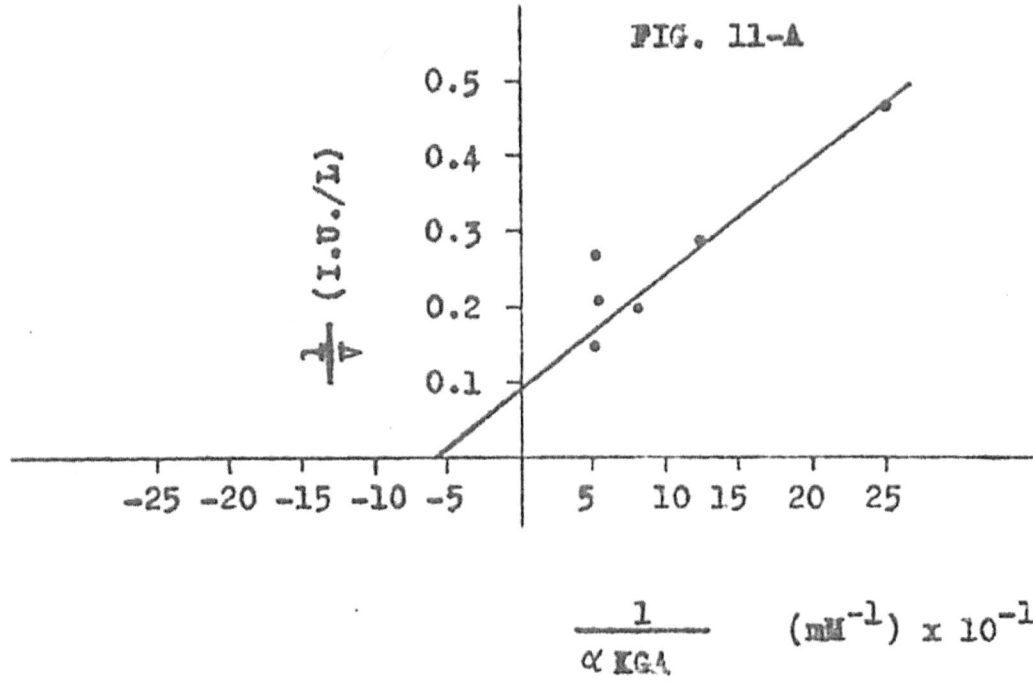

FIG. 11-A

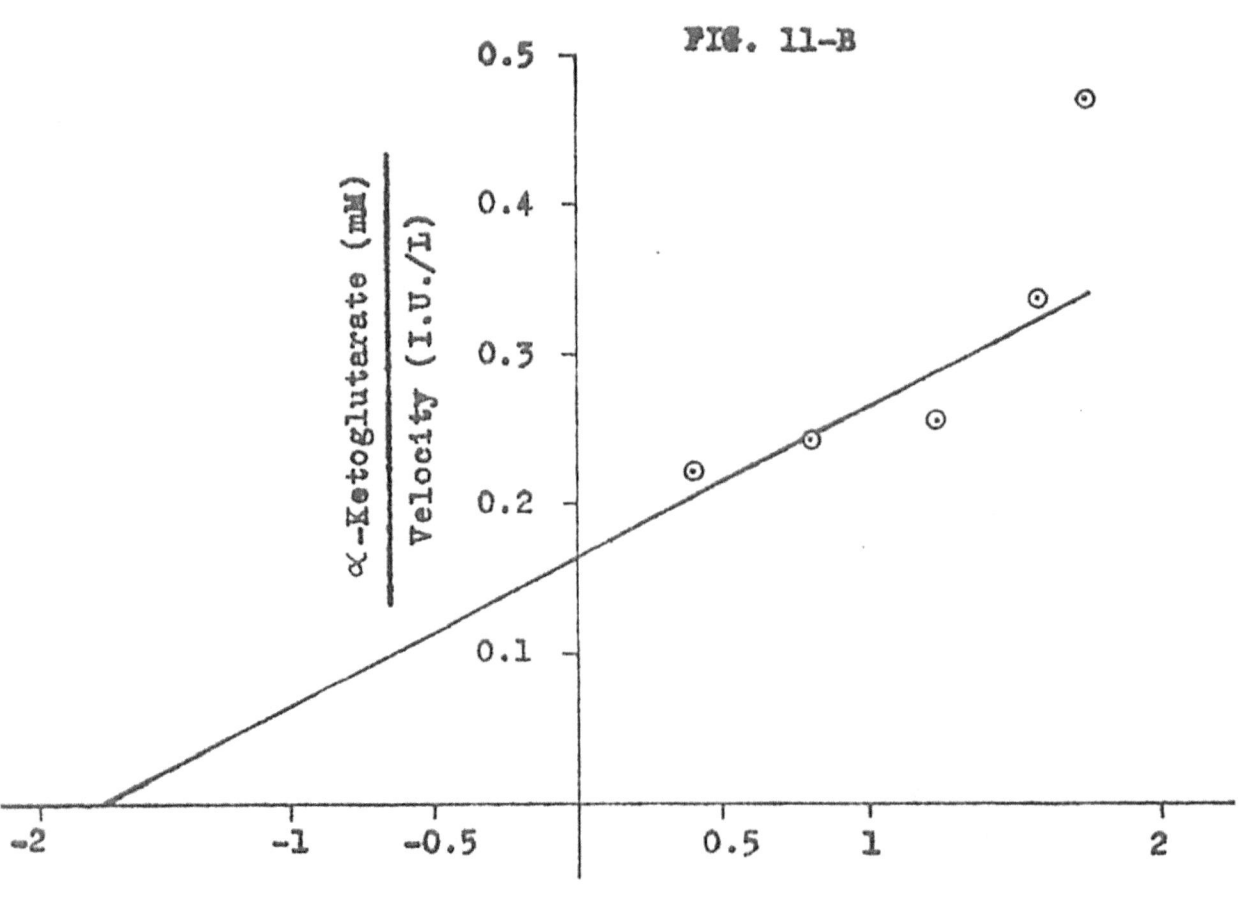

FIG. 11-B

٥) تأثير درجة الأس الهيد روجيني على نشاط متناظرى GPT : I و II

الشكل (١٢)

تأثير درجة الأس الهيد روجيني على السرعة الأولية للتفاعل المحفز بالمتناظرين I و II في درجة ٣٧ْ م ٠ طريقة العمل ودرجات الأس الهيد روجيني المستعملة مذكورة في الجزء (د ــ ٤) من تجارب البحث ٠

(⊛——⊛) للمتناظر I ، (△——△) للمتناظر II ٠

الشكل (١٣)

العلاقة بين درجة الأس الهيد روجيني ونشاط متناظرى GPT :I و II وذلك من رسم لوغاريتم السرعة الأولية للتفاعل ضد درجة الأس الهيد روجيني ٠ ان طريقة العمل ودرجات الأس الهيد روجيني المستعملة مذكورة في الجزء (د ــ ٤) من تجارب البحث ٠

(●——●) للمتناظر I ، (△——△) للمتناظر II ٠

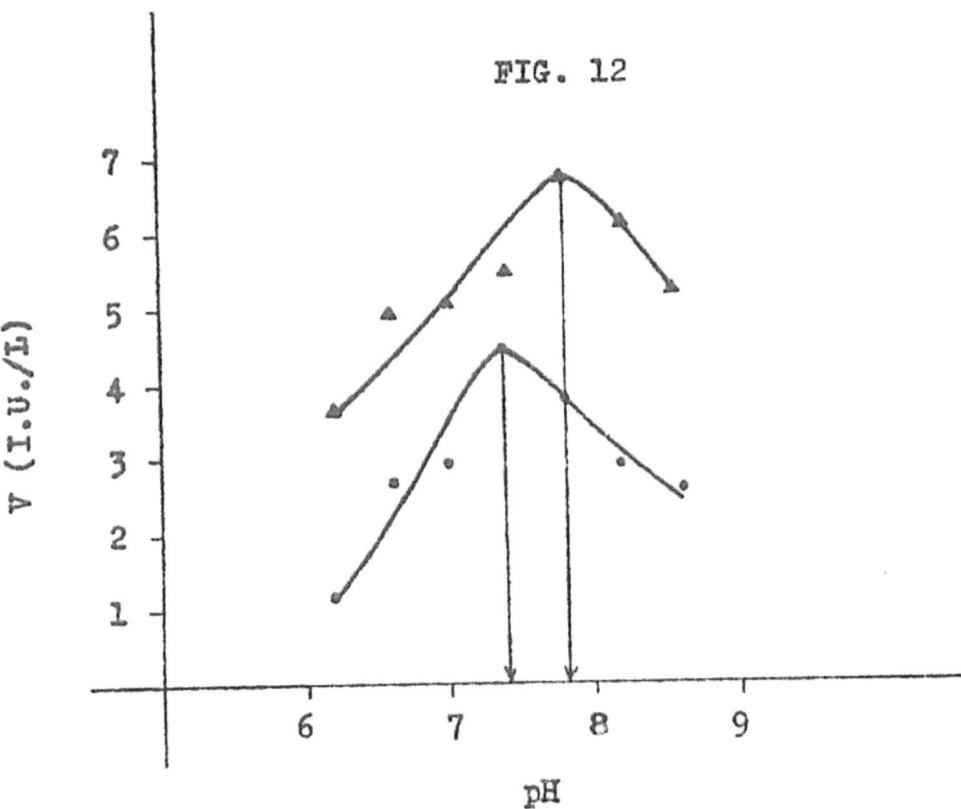

FIG. 12

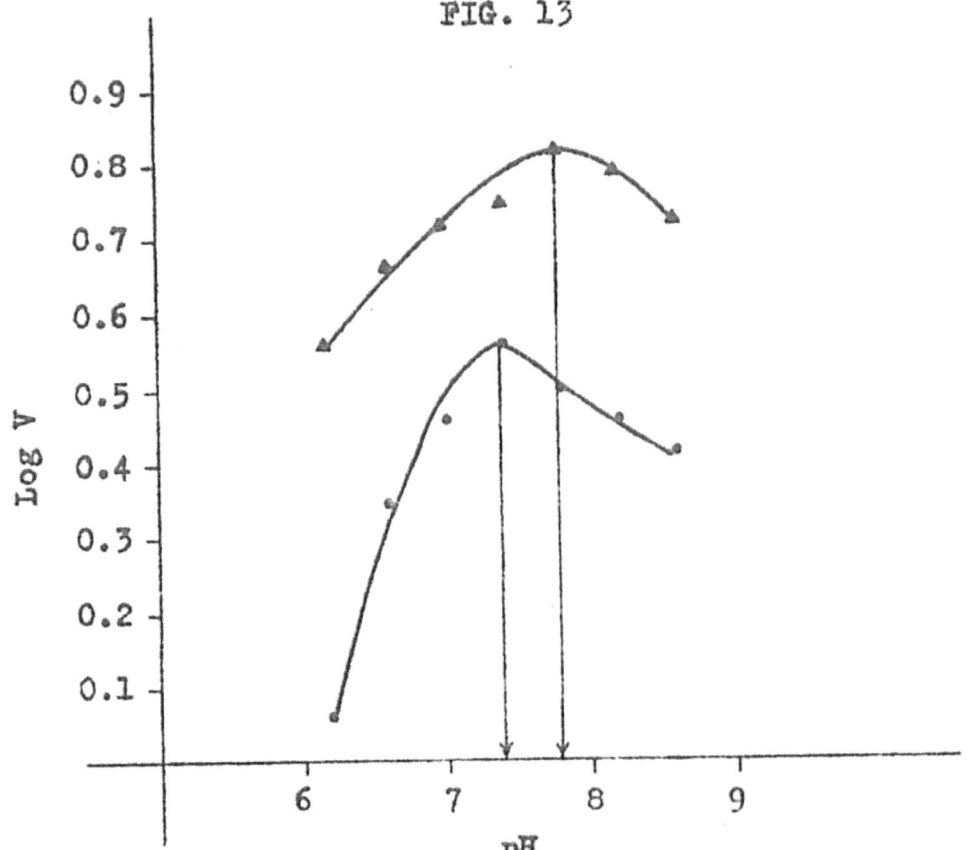

FIG. 13

٦) تأثير درجة حرارة التفاعل على نشاط متناظري GPT : I و II لمصل الدم البشري ٠

الشكل (١٤)

تأثير درجة حرارة التفاعل على نشاط متناظري GPT I و II مبينا من رسم العلاقة بين السرعة الأولية ودرجة الحرارة ٠ ان طريقة العمل ودرجات الحرارة المختلفة مذكورة في الجزء (د ـ ٥) من تجارب البحث ٠

(⊗———⊗) للمتناظر I ، (△———△) للمتناظر II ٠

الشكل (١٥)

تأثير درجة حرارة التفاعل على نشاط المتناظر I مبينة من رسم العلاقة بين لوغاريتم السرعة القصوى ومقلوب درجة حرارة التفاعل المطلقة ٠

الشكل (١٦)

كما هو مذكور في تعليق الشكل (١٥)ولكن للمتناظر II ٠

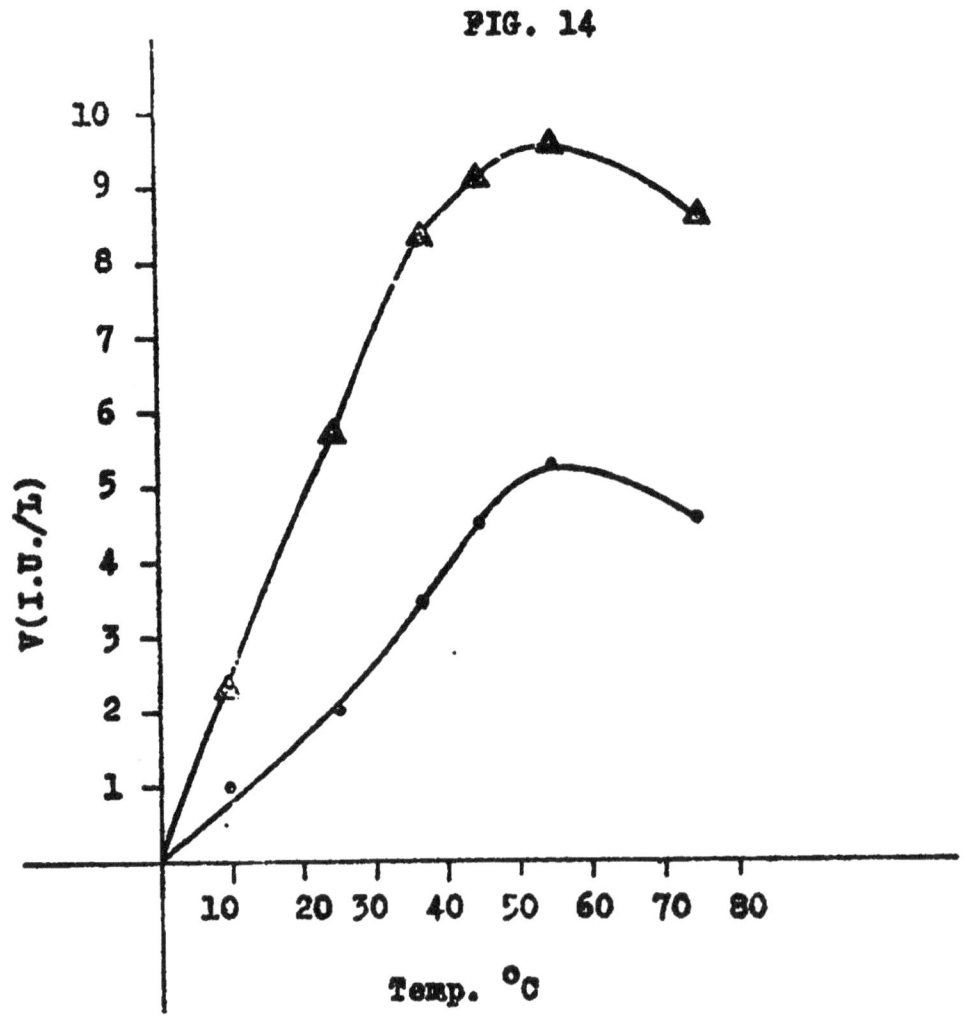

FIG. 14

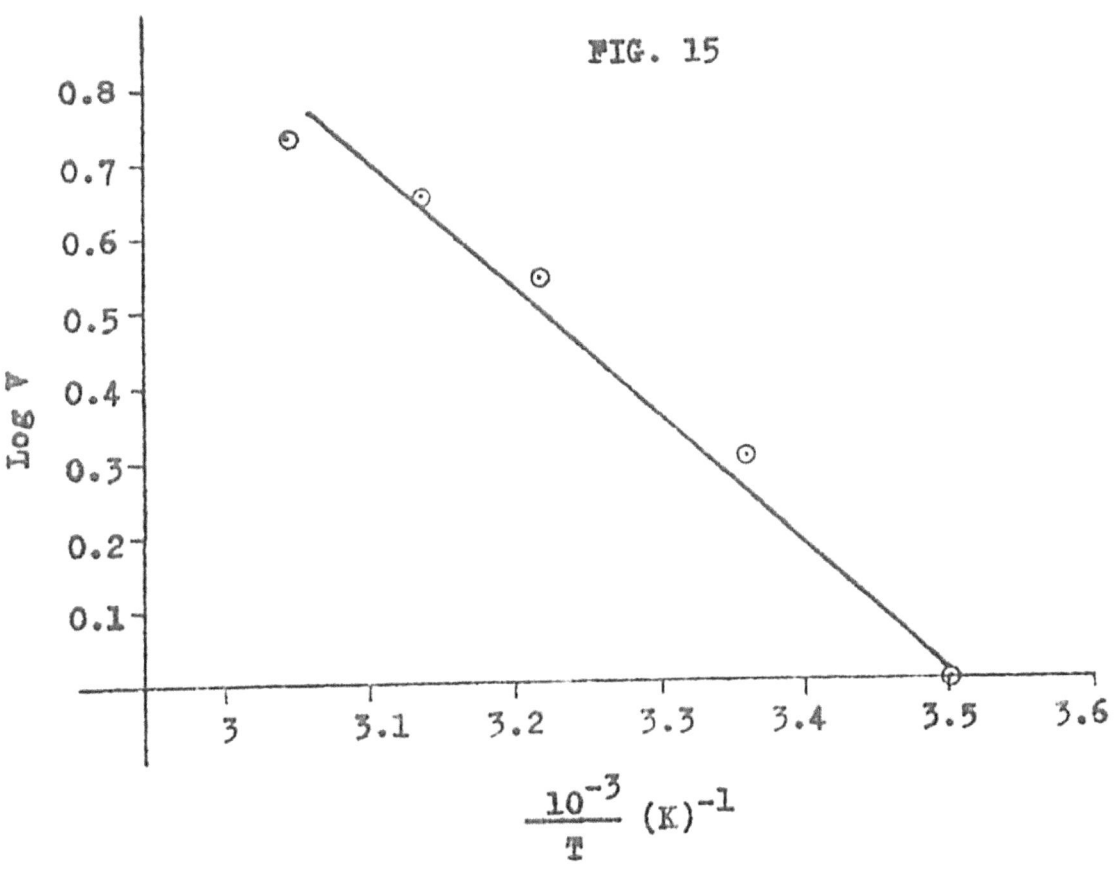

FIG. 15

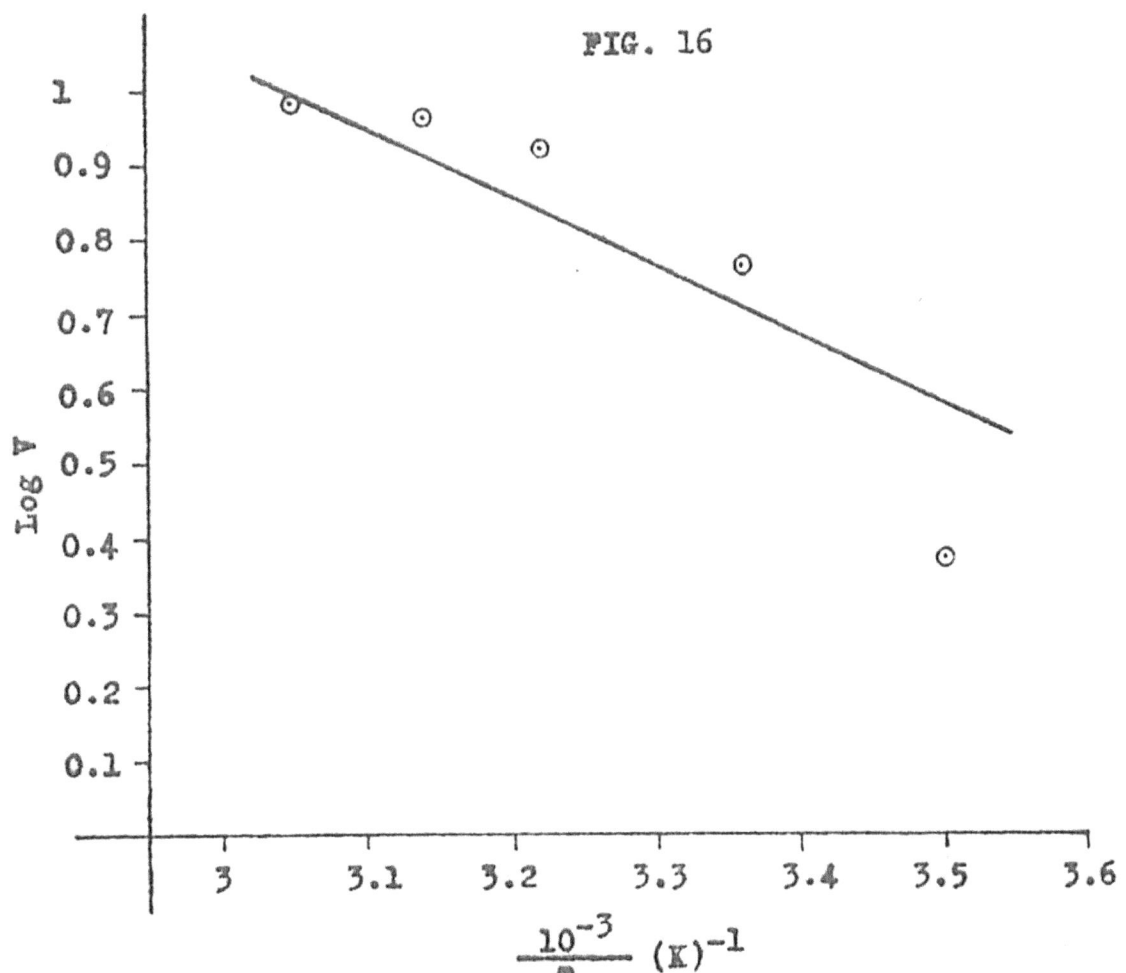

0.8
0.7
0.6
0.5
0.4
0.3
0.2
0.1
Log V
3
3.1
3.2
3.3
3.4
3.5
3.6
$\frac{10^{-3}}{T}$ (K)$^{-1}$

FIG. 16

1
0.9
0.8
0.7
0.6
0.5
0.4
0.3
0.2
0.1
Log V
3
3.1
3.2
3.3
3.4
3.5
3.6
$\frac{10^{-3}}{T}$ (K)$^{-1}$

٧) كبـــت متناظـرات GPT : I و II

الشــكل (١٧)

كبـت المتناظر I بحمض maleic ، وذلـك من رسـم العلاقـــة بيـن مقلـوب السـرعة الأوليــة ضد مقلوب تركيز DL-alanine(+) ان طريقــة العمل وتراكيــز المــواد الأســاس المســتعملة مذكـورة فـــي الجــزء (د ــ ٧) مــن تجارب البحــث .

(⊙——⊙) عندمــا يكون تركيز حمــض maleic صفـــــــر ، (△——△) عندما يكون تركيز حمض maleic ‏٣ x ‏$١٠^{-٣}$ مـــن الــوزن الجزيئـي الغرامي ، (✕——✕) عندمـــا يكـــون تركيـــــز حمـض maleic ‏٨ x ‏$١٠^{-٣}$ مـن الوزن الجزيئـي الغرامـي .

الشــكل (١٨)

كما هــو مذكــور في تعليــق الشــكل (١٧) ولكـــن برســم قيمـــة تركيـــز DL-alanine(+) مقســـوما على الســرعة الأوليــة للتفاعل ضـد تركيـــز DL-alanine(+).

الشــكل (١٩)

كما هو مذكور في تعليــق الشــكل (١٧) ولكن للمتناظر II .

الشكل (٢٠)

كما هو مذكور في تعليق الشكل (١٧) ولكن برسم قيمة تركيز DL-alanine(+) مقسوما على السرعة الأولية للتفاعل ضد تركيز DL-alanine(+) وللمتناظر II .

الشكل (٢١)

كبت المتناظر I بحمض maleic ، وذلك من رسم العلاقة بين مقلوب السرعة الأولية ضد مقلوب تركيز α-Ketoglutarate ان طريقة العمل وتراكيز المواد الأساس المستعملة مذكورة في الجزء (د — ٧) من تجارب البحث .

(⊙———⊙) عندما يكون تركيز حمض maleic صفر ،
(△———△) عندما يكون تركيز حمض maleic ٣×١٠^{-٣} من الوزن الجزيئي الغرامي ، (×———×) عندما يكون تركيز حمض maleic ٨×١٠^{-٣} من الوزن الجزيئي الغرامي .

الشكل (٢٢)

كما هو مذكور في تعليق الشكل (٢١) ولكن للمتناظر II .

الشكل (٢٣)

كما هو مذكور في تعليق الشكل (٢١) ولكن برسم قيمة

تركيـز α-Ketoglutarate مقسـوما على السـرعة الأولية للتفاعـل ضـد تركيـز α-Ketoglutarate .

الشـكل (٢٤)

كما هـو مذكـور في تعليـق الشـكل (٢١) ولكن برسـم قيمـة تركيـز α-Ketoglutarate مقسـوما على السـرعة الأوليـة للتفاعـل ضـد تركيـز α-Ketoglutarate وللمتناظـر II .

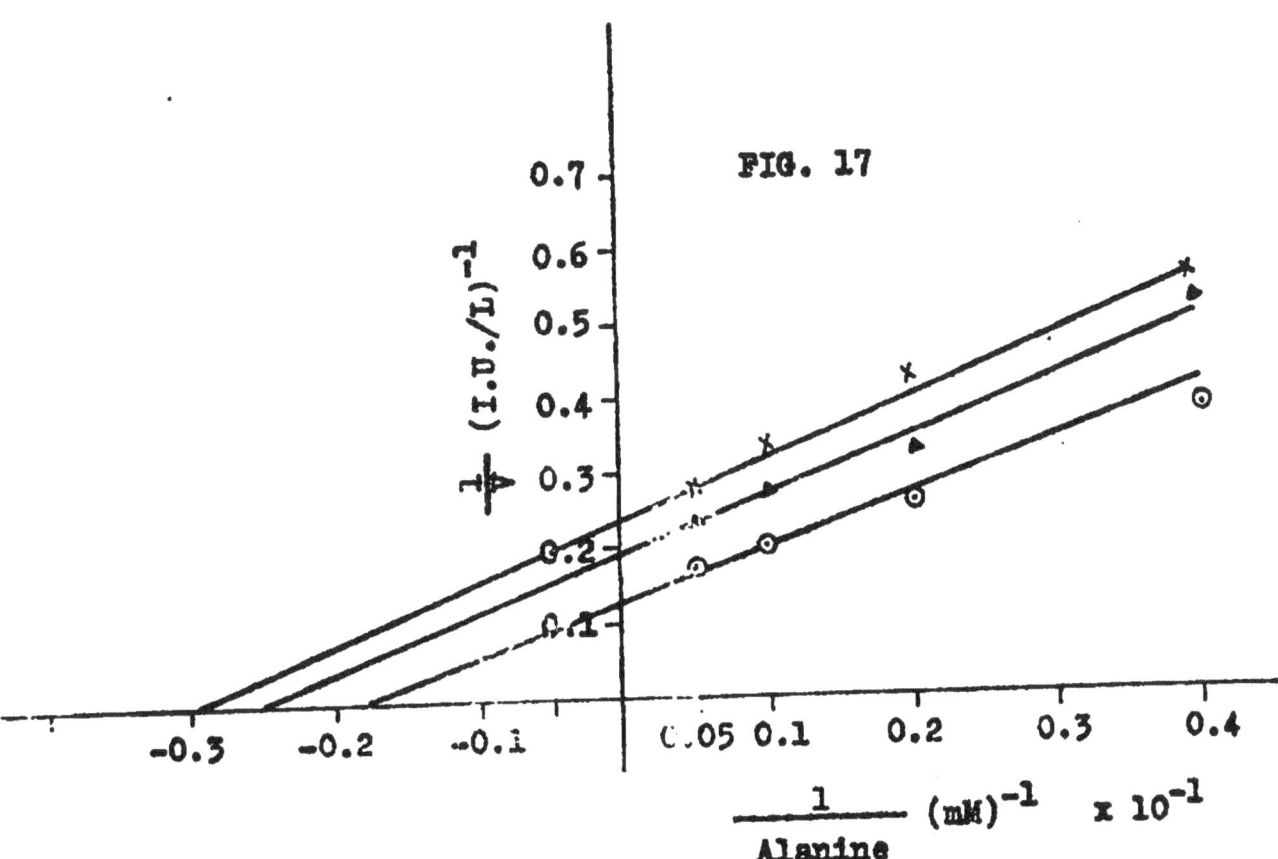

FIG. 17

$\dfrac{1}{v}$ (I.U./L)$^{-1}$

0.7
0.6
0.5
0.4
0.3
0.2
0.1

-0.3   -0.2   -0.1   0.05 0.1   0.2   0.3   0.4

$\dfrac{1}{\text{Alanine}}$ (mM)$^{-1}$ x 10^{-1}

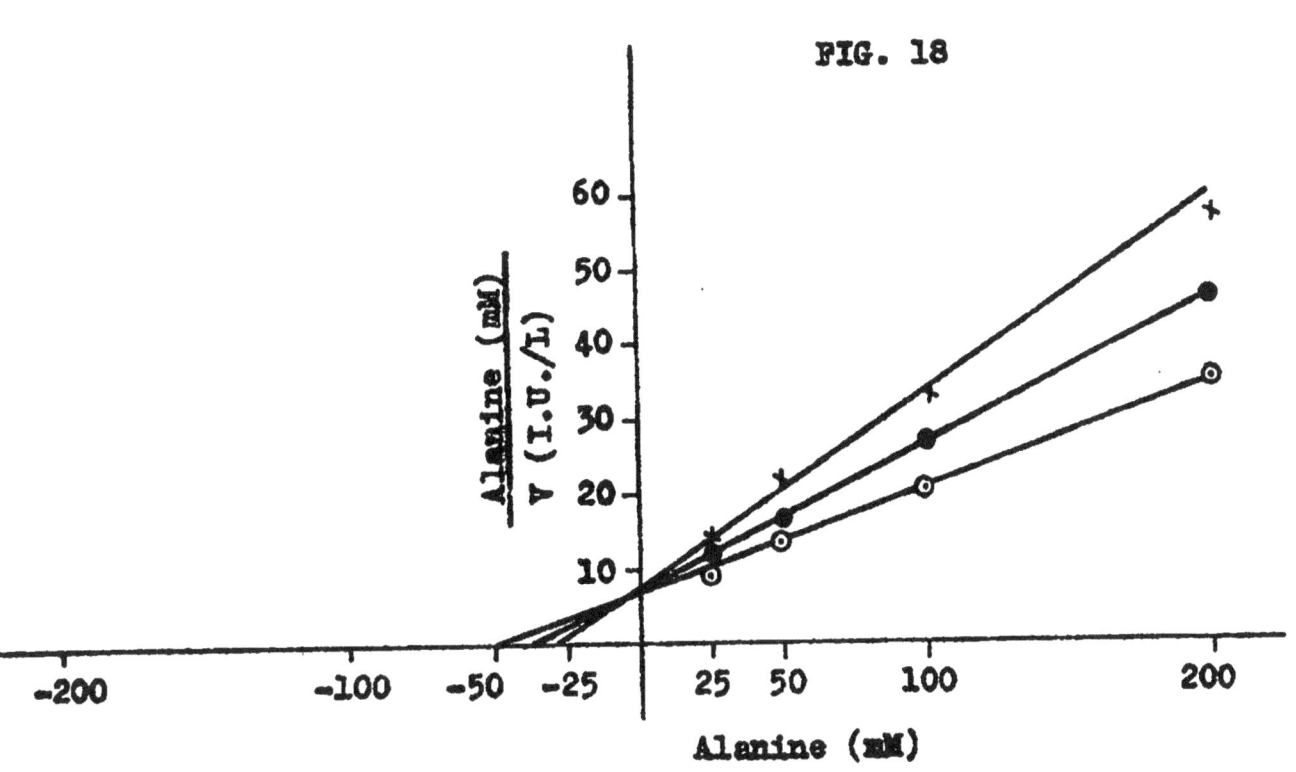

FIG. 18

$\dfrac{\text{Alanine (mM)}}{v \ (\text{I.U./L})}$

60
50
40
30
20
10

-200   -100   -50   -25   25   50   100   200

Alanine (mM)

FIG. 19

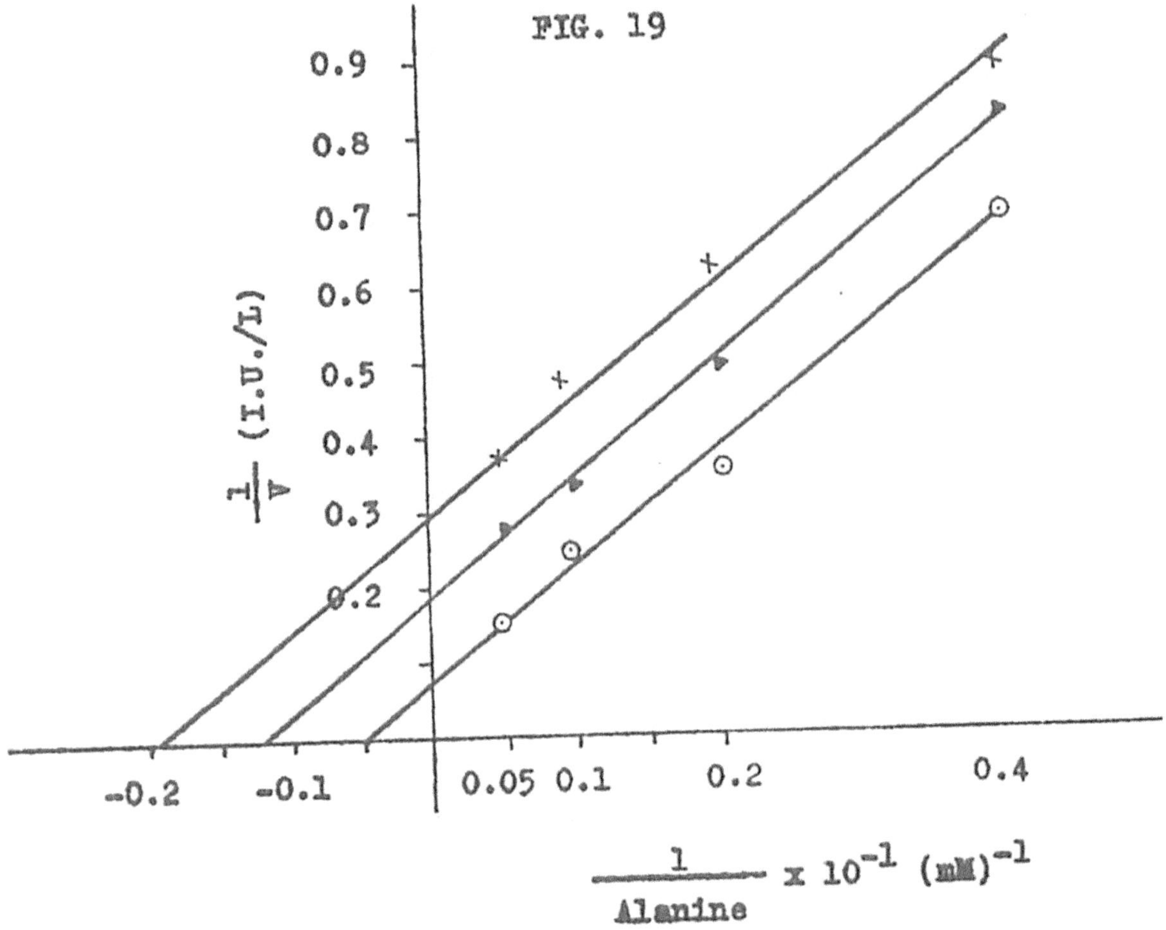
0.9
0.8
0.7
0.6
0.5
0.4
0.3
0.2
1/V (I.U./L)
-0.2
-0.1
0.05
0.1
0.2
0.4
1/Alanine x 10^-1 (mM)^-1

FIG. 20

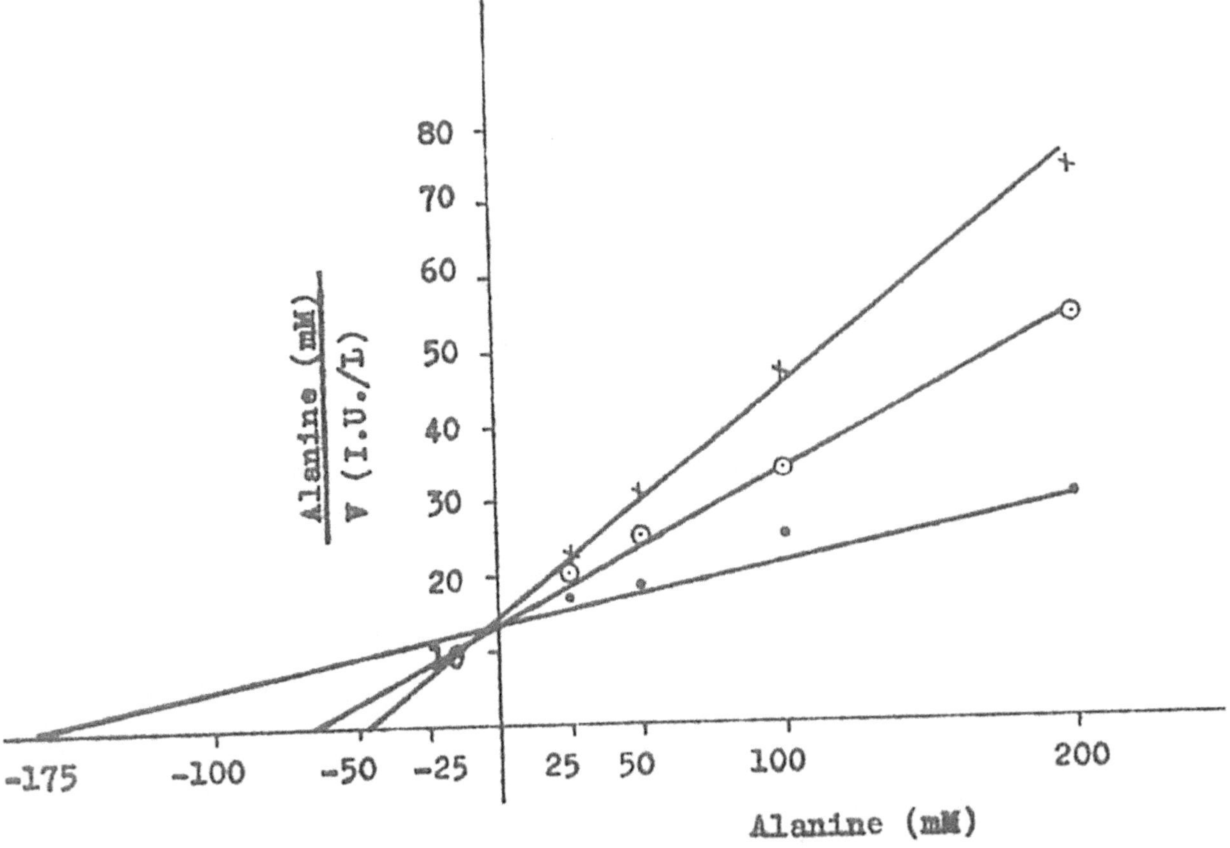
80
70
60
50
40
30
20
10
Alanine (mM) / V (I.U./L)
-175
-100
-50
-25
25
50
100
200
Alanine (mM)

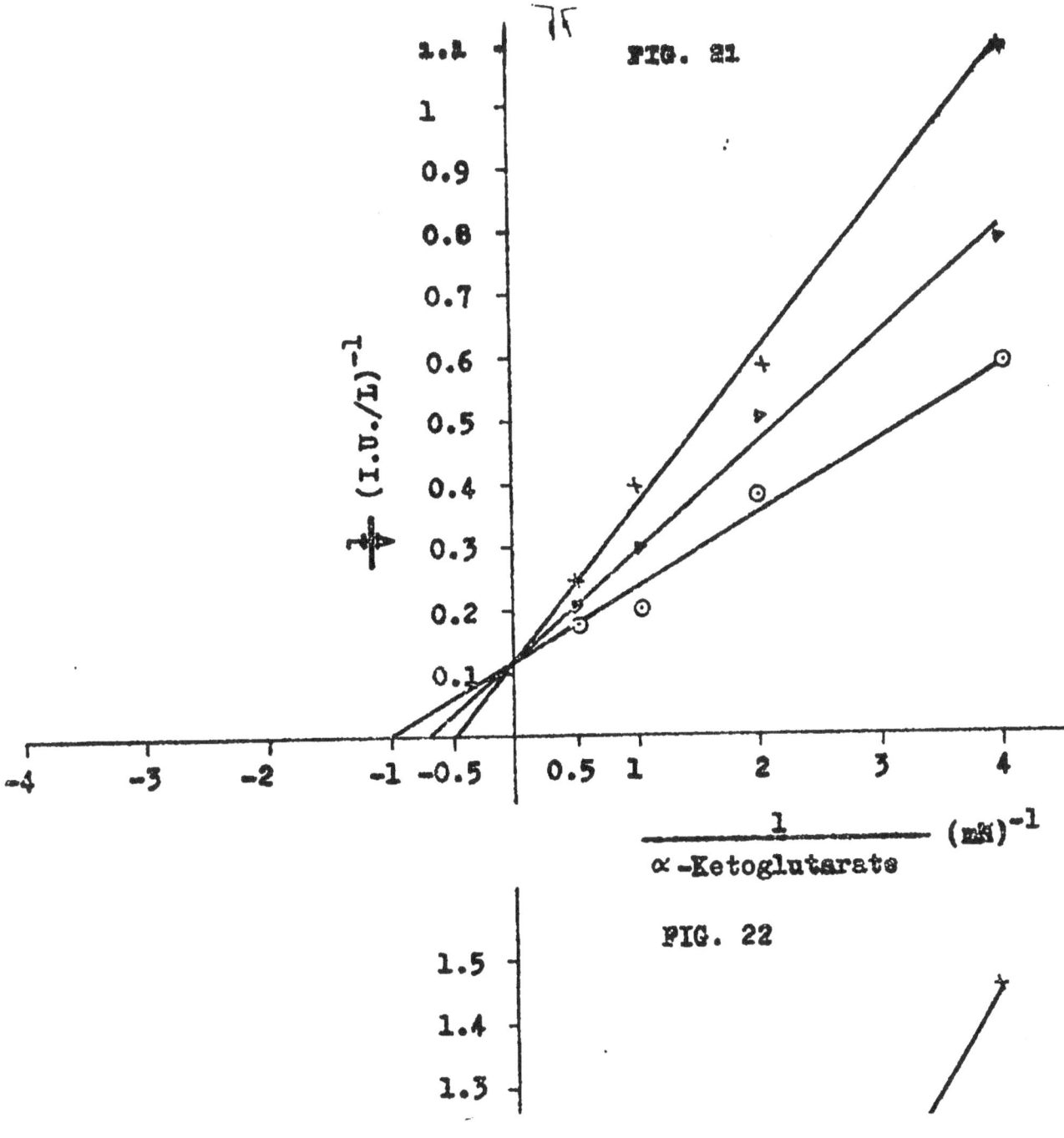

1.1
1
0.9
0.8
0.7
0.6
0.5
0.4
0.3
0.2
0.1
1/V (I.U./L)^-1
-4
-3
-2
-1
-0.5
0.5
1
2
3
4
1/α-Ketoglutarate (mM)^-1

FIG. 21

1.5
1.4
1.3

FIG. 22

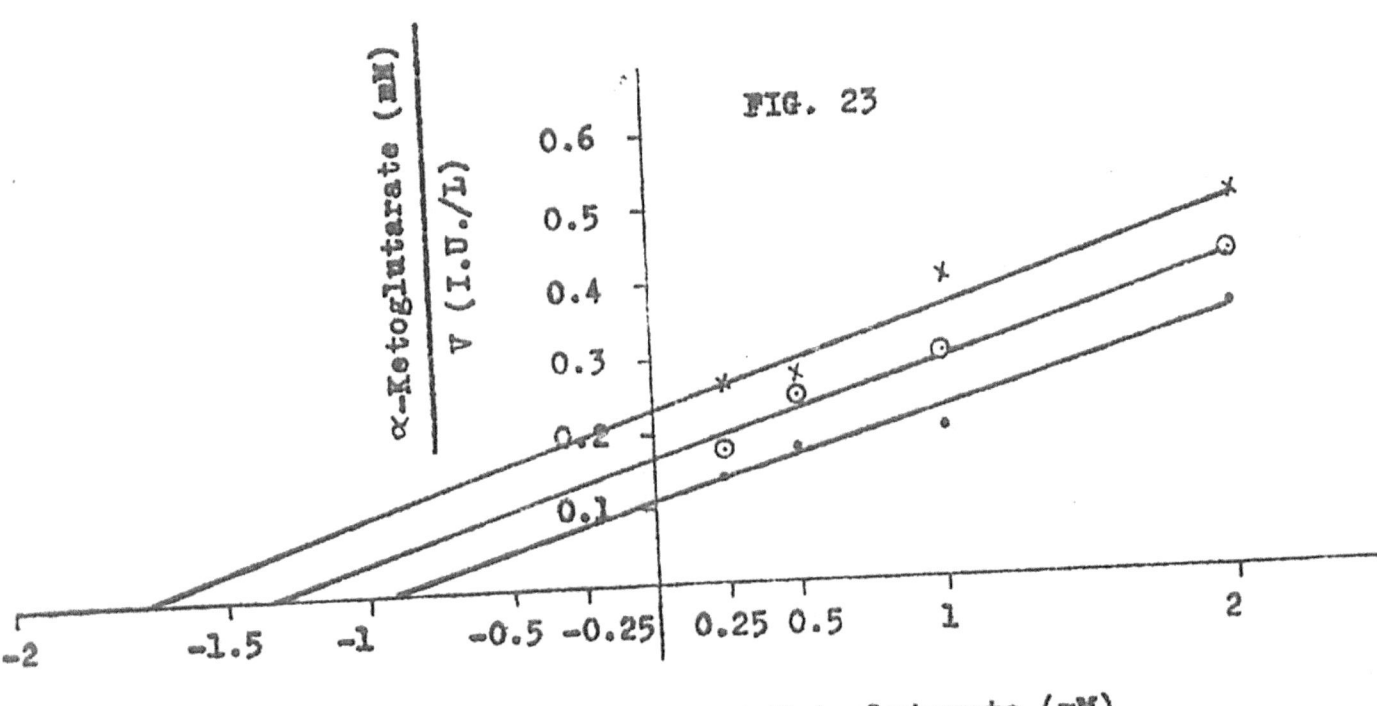

FIG. 23

α-Ketoglutarate (mM) / v (I.U./L)
0.6
0.5
0.4
0.3
0.2
0.1
-2
-1.5
-1
-0.5
-0.25
0.25
0.5
1
2
α-Ketoglutarate (mM)

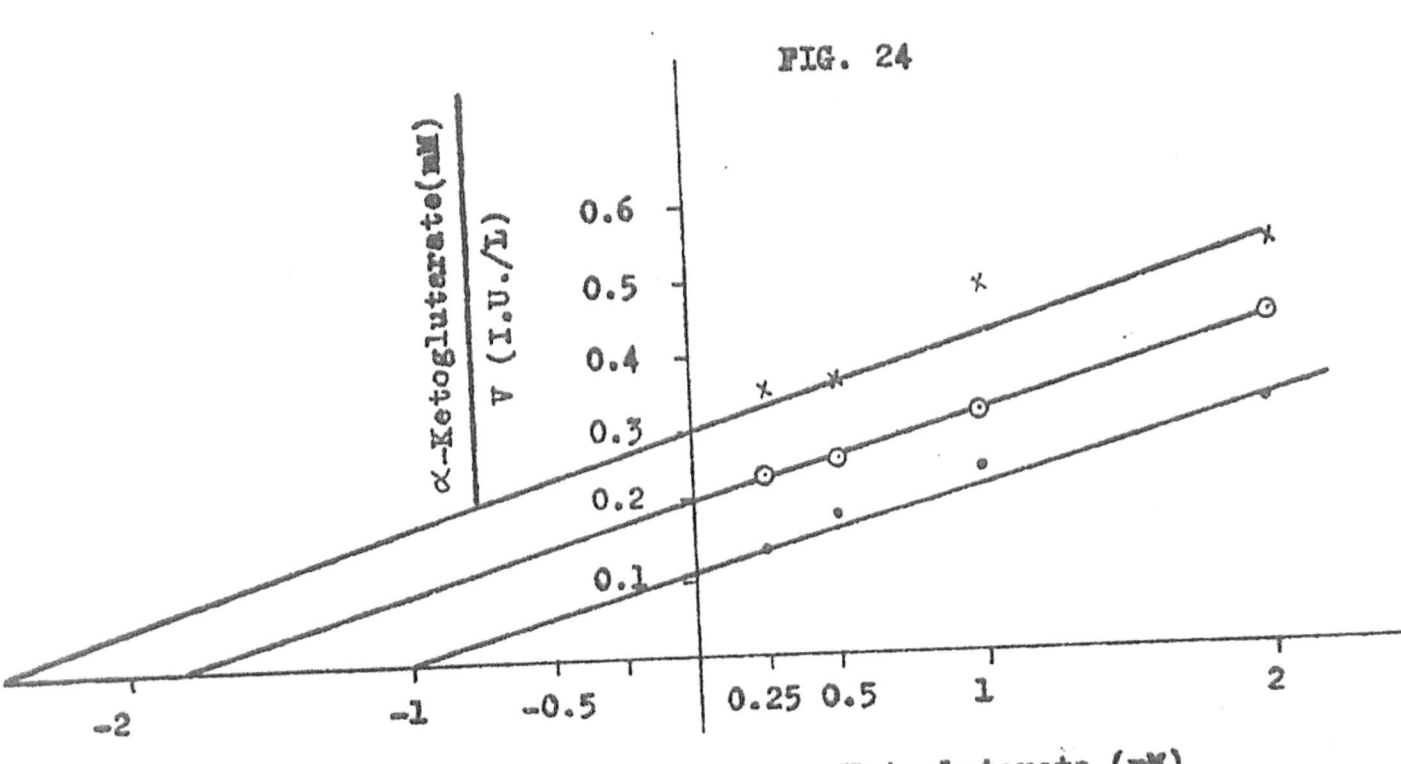

FIG. 24

α-Ketoglutarate(mM) / v (I.U./L)
0.6
0.5
0.4
0.3
0.2
0.1
-2
-1
-0.5
0.25
0.5
1
2
α-Ketoglutarate (mM)

٨ — دراسة تأثير التراكيز المختلفة من مادتي الاُساس على نشاط متناظري

GPT : I و II .

الشكل (٢٥)

العلاقة بين مقلوب السرعة الاوّلية للتفاعل ضد مقلوب تركيــز (+)DL-alanine للمتناظر I . ان طريقة العمل وتراكيز المـواد الاُساس مذكورة في الجـزء (د .. ٨) من تجارب البحـث .

(⊙———⊙) عندما يكون تركيـز α-Ketoglutarate
٢ × ١٠$^{-٣}$ مـن الوزن الجزيئـي الغرامي ، (☐———☐) عند مـا يكون تركيـز α-Ketoglutarate ١ × ١٠$^{-٣}$ من الوزن الجزيئـي الغرامي ، (✕———✕) عند مـا يكـون تركيـز α-Ketoglutarate ٥ر٠ × ١٠$^{-٣}$ من الوزن الجزيئي الغرامي و (△———△) عندما يكون تركيـز α-Ketoglutarate ٢٥ر٠ × ١٠$^{-٣}$ مـن الـوزن الجزيئـي الغرامي .

الشكل (٢٦)

كما هو مذكور في تعليق الشكل (٢٥) ولكن للمتناظر II .

الشكل (٢٧)

العلاقــة بين مقلوب السرعة الاوّلية للتفاعـل ضـد مقلوب تركيـز α-Ketoglutarate للمتناظر I . ان طريقـة العمـل وتراكيـز

المواد الأساس مذكورة في الجزء (د ـ ٨) من تجارب البحث ٠

(⊙——⊙) عندما يكون تركيز (+)DL-alanine ٢٠٠×١٠^{-٣} من الوزن الجزيئي الغرامي ، (□——□) عندما يكون تركيز (+)DL-alanine ١٠٠×١٠^{-٣} من الوزن الجزيئي الغرامي ، (×——×) عندما يكون تركيز (+)DL-alanine ٥٠×١٠^{-٣} من الوزن الجزيئي الغرامي ، و (△——△) عندما يكون تركيز (+)DL-alanine ٢٥×١٠^{-٣} من الوزن الجزيئي الغرامي ٠

الشكل (٢٨)

كما هو مذكور في تعليق الشكل (٢٧) ولكن للمتناظر II ٠

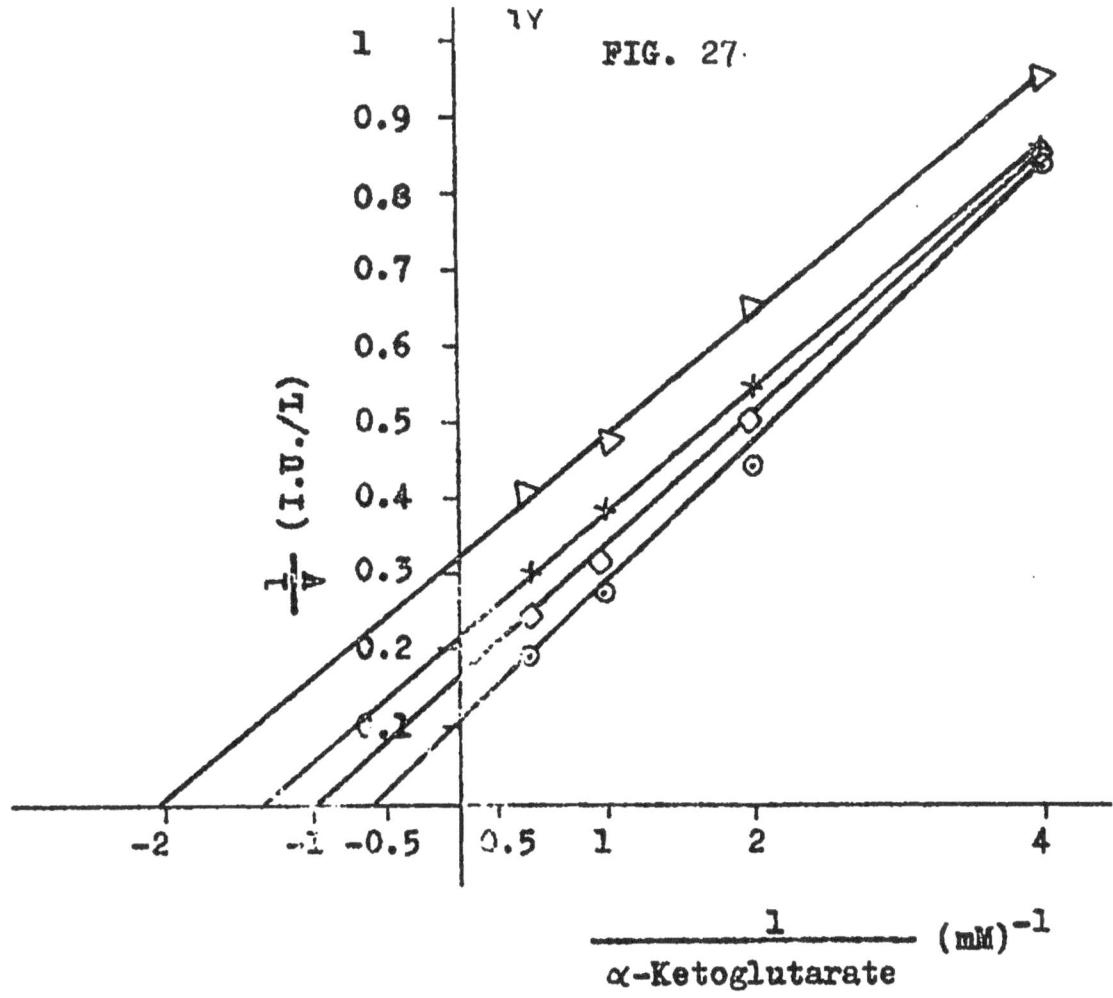

FIG. 27

1
0.9
0.8
0.7
0.6
0.5
0.4
0.3
0.2
0.1
1/V (I.U./L)
-2
-1
-0.5
0.5
1
2
4
1/α-Ketoglutarate (mM)$^{-1}$

FIG. 28

-4

النتائـــج ومناقشـــتها

مـن المعلـوم ان لكثيـر من الانزيمـات متنا ظـرات عـدة ، ومنهـا GPT قلـب الفـأر حيث أمكـن فصـل وتمييـز شكلين جزيئيـن لـGPT من السـايتوبلازم والمايتوكوند ريـا (40) ومـا ان مثل هذه المتناظرات تنتج في نفس الاعضـاء المكونـة للانزيـم لـذا أصبحـت د راستهـا ، وخاصـة في الحالات المرضيـة ، اداة لمعرفـة المـرض الذى يصـاب بـه العضـو المكون لهذا المتناظر أو ذاك (41) فضـلا عن ان فصـل وتمييـز المتناظـرات ذ و أهميـة طبيـه تشـخيصية تتأتـى مـن كـون التغيـرات الحاصلـة في توزيع هذه المتنا ظـرات تعتبـر صفـة مميـزة للمـرض ومرحلتـه (42) .

وقـد أظهـرت الدراسات بأن دراسـة المتناظرات دراسـة تفصيليـة أعـم فائـدة واكثر دقـة من الدراسـات الحركيـة للانزيـم نفســه وانهـا تفضـل عليهـا (43)(15) .

وقـد استعملنا في هذه الرسـالة الـ GPT كنمـوذج لاهميتـه السـريريـة فهـو لـه متناظريـن أولهما موجـب الشـحنة وثانيهما سـالبها وقـد تـم فصلهما من الانسـجة المختلفـة للفأر (40)(12) ، الجرادة (13) والانسـان (15) .

ان زيادة ملحوظـة تطـرأ على نشـاط الـ GPT في بعض الحـالات المرضيـة المختلفـة (44)(8) وخاصـة تلك المتعلقـة بالكبـد (45) وعليـه فقياس نشـاط متناظراتـه يعطي مـن المعلومات مـالا توفرها الدراسـات على GPT مصـل الـدم بمفـرده وكمثـال على قولنـا هذا نجـد ان نسـبة المتناظر السـالب الى المتناظـر الموجب في حـالات تشمع الكبـد هـي ٨ر٣ وفي التهـاب الكبـد المزمـن

والحـاد تكـون النسـبة ٤٩ ٠

أمـا في الحـالات التي لاتتضمـن تضـرر الكبـد فنجـد ان النسبة تكـون ٥ ر٢ فقـط أى حوالـي ضعـف النسبة في الحالـة الطبيعيـة (٣ر١) [15] .

ومـن مراجعـة الادبيـات يتضح ان عمليـة تنقية الـ GPT (ومنها طريقة الهجـرة الكهربائيـة) لـم تعطي أى دلالـة على خاصية عـدم التجانس الموجودة فيـه [46][47][48] .

كمـا وان الادبيـات لـم تتطـرق الى الدراسـات الحركية لمتناظـرات الـ GPT من مصـل الـدم البشـرى ، لـذا ارتأينـا في رسـالتنا هذه دراسـة هذه الخـواص للمتناظريـن بعد فصلهما من مصـل الـدم البشـرى في الاصحـاء المراقبيـن ، بغـرض مقارنتهـا بالحـالات المرضيـة مسـتقبلا ٠

أ ـ فصـل وتنقيـة متناظرات GPT I و II

تـم فصـل متناظريـن لـ GPT مصـل دم الاصحـاء المراقبيـن بأستخدام طريقـة كروماتوغرافيـا مبسـطة تعتمـد على الجـل المهـادل للآيونـات السـالبة DEAE Sephadex A-50 المطبقـة على الحـالات الطبيعيـة والمرضيـة (خاصة المتعلقة بالكبـد) ٠

يوضـح الشـكل (١) فصـل متناظريـن لـ GPT مصـل دم الاصحـاء حيث تظهر على شـكل قمتيـن : المتناظـر I (الموجب) وينزل خلال عمليـة الروغـان بمحلول الفوسـفات المنظم ، والمتناظر II (السالب) وينـزل خلال عمليـة الروغـان بمحلول كلوريد الصوديوم مما يـدل علـى ان المتناظر I لايمدص بواسـطة الجـل المهـادل للآيونـات السـالبة

DEAE Sephadex A-50 وينزل في المحلول الناضح خلال عملية الروغان بالمحلول المنظم فقط ، بينما المتناظر II يمدص بواسطة الجل ويبقى ملاصقا له ولاينزل الا بالروغان وبأستعمال كلوريد الصوديوم حيث تحل آيونات الكلوريد السالبة محل هذا المتناظر •

ورجوعا الى الشكل (١) نجد ان المتناظرين I و II كانا متباعدين عن بعضهما البعض ومما يدل على وجود تمايز في اوزانهما وأحجامهما الجزيئية وعليه فالمتناظر I ذو وزن جزيئي أعلى مما للمتناظر II .

كما ويبين الجدول (١) ان درجة تنقية متناظرى I GPT و II كانت ٦ر٨ و ٢٠ على التوالي • ويلاحظ من هذا الجدول ان نسبة نشاط المتناظر السالب الى نشاط المتناظر الموجب هي ٢ر١ •

ورجوعا الى الشكلين (١ ـ أ ، ١ ـ ب) للمتناظرين I و II على التوالي ، يمكن القول بأن المتناظر I قد يكون قسما أو جزءا من جزيئة الالبومين الا ان الشحنات السالبة التي تحملها جزيئة الالبومين هذه هي بالضرورة أقل من الشحنات السالبة التي تحملها جزيئة الالبومين المصاحبة للمتناظر II •

ب ـ حركة متناظرات الـ I GPT و II في مصل دم الأصحاء العراقيين

لعدم توفر دراسات حركية لمتناظرات الـ I GPT و II من مصل الدم البشرى ، وبالنظر لفصلهما من هذا المصدر ، فقد

ارتأينا التوسع في دراستنا لتشمل خصائصهما المختلفة .

١ ـ تأثير المواد الأساس على حركة المتناظرين I و II

أ ـ قياس التراكيز المثلى لـ (+)DL-alanine و α-Ketoglutarate

لمتناظري GPT I و II

تبين الأشكال (٢ ، ٣) للمتناظر I و (٤ ، ٥) للمتناظر II بأن التراكيز المثلى لمادتي الأساس (+)DL-alanine و α-Ketoglutarate هي ، وعلى التوالي كالآتي :
٨٠ × ١٠$^{-٣}$ من الوزن الجزيئي الغرامي و ٢ر١ × ١٠$^{-٣}$ من الوزن الجزيئي الغرامي للمتناظر I و ٥ر١٦٦ × ١٠$^{-٣}$ من الوزن الجزيئي الغرامي و ٦٦ر١ × ١٠$^{-٣}$ من الوزن الجزيئي الغرامي للمتناظر II

كما وتبين هذه الأشكال حصول كبت في التراكيز العالية لمادتي الأساس المذكورتين . كما ويتضح من الأشكال (٦ أ ، ٦ ب) للمتناظر I و (٧ أ ، ٧ ب) للمتناظر II . أن قيم معامل التداخل n ، والتي تمثل عدد الوحدات الثانوية للبروتين المترابط تماما (49) ، أو عدد المراكز النشطة الموجودة في جزيئة الانزيم (50) والمستخرجة بحساب ميل الخط البياني الذي يوضح العلاقة بين $\log \frac{V}{V_{max} - V}$ و Log S له

لمادتي الأساس (+)DL-alanine و α-Ketoglutarate وعلى التوالي ، كالاتي :

١ر١ و ٣ر١ للمتناظر I و

١ و ١ر١ للمتناظر II

وعليه فالمتناظران لهما وحدة ثانوية واحدة ، وتصرفهما اعتيادي يخضع لمعادلة ميكيلس – منتن التالية :

$$V = \frac{V_{max.} S}{Km + S}$$

وهذا يتوافق مع ماأورده Velick & Vavra (32) من ان ل GPT قلب الخنزير و Hopper & Segal (33) ل GPT كبد الفأر من خضوع لمعادلة ميكيلس – منتن الانفة الذكر .

وعودة الى ماذكره Orfanos et al (15) نجد بأن التراكيز المثلى لمادتي الأساس (+)DL-alanine و α-Ketoglutarate لمتناظرى GPT مصل الدم البشرى الطبيعي والمرض كانت ، على التوالي ، كالاتي (٢٠٠×١٠^{-٣} ، $١ر٦٦ \times ١٠^{-٣}$) من الوزن الجزيئي الغرامي . وعلى ضوء النتائج التي حصلنا عليها للتراكيز المثلى لمادتي الأساس أعلاه للمتناظر (٨٠×١٠^{-٣} من الوزن الجزيئي الغرامي ل (+)DL-alanine) و $٢ر١ \times ١٠^{-٣}$ من الوزن الجزيئي الغرامي ل α-Ketoglutarate) وللمتناظر

II (٥ر١٦٦ × ١٠ $^{-٣}$ من الوزن الجزيئي الغرامي لـ DL-alanine(+) و ١٦٦ر١ × ١٠ $^{-٣}$ من الوزن الجزيئي الغرامي لـ α -Ketoglutarate) وبالرجوع لنسبة المتناظر السالب الى المتناظر الموجب (الفصل الاول ، الجزء — ٣) في الحالات الطبيعية والمرضية يبرز اعتقاد مفاده ، ان النسبة العالية ، كما في حالة التهاب الكبد المزمن والحاد حيث بلغت ٤٩ ، ترجع الى حصول كبت في التراكيز العالية للمواد الأساس للمتناظر I (الموجب) بما يسبب انخفاض نشاطه قياسا الى نشاط المتناظر II (السالب) .

ان أهمية التراكيز الأمثل للمواد الأساس تكمن في ان فاعلية الأنزيم القصوى تظهر عنده حيث تكون جميع جزيئات الأنزيم مشبعة بجزيئات المادة الأساس وهذا يكون التفاعل الأنزيمي من رتبة الصفر حيث يعتمد على تركيز الأنزيم وليس تركيز المادة الأساس .

ب — قياس قيم Km لمتناظرات GPT I و II

يعتبر Km أحد أهم الثوابت الحركية ويعرف بأنه تركيز المادة الأساس عندما تكون السرعة مساوية لنصف السرعة القصوى للتفاعل .

لقد استعملت طرق مختلفة لقياس قيمة Km وجميعها

مشتقة من معادلة ميكيلس — منتن كطريقـــــة المقلوب المـــزدوج Lineweaver-Burk double reciprocal plot[51] وطريقـــــة هانـــز[52] .

يوضح الجدول (٢) قيم Km لـــــ DL-alanine(+) α-Ketoglutarate للمتناظرين I و II لمصل الدم البشرى مستخرجة بالطريقتين المذكورتين أعلاه حيث توضح اختلاف هذه القيم لـ DL-alanine (+) للمتناظر I ، ٥٧×١٠^{-٣} من الوزن الجزيئي الفرامي (كما في شكل ٨أ ، ٨ ب) وللمتناظر II ، ١٩٥×١٠^{-٣} من الوزن الجزيئي الفرامي (شكل ٩أ ، ٩ ب) عن تلك المذكورة لـ GPT كبد الفأر[24] (٣٤×١٠^{-٣} من الوزن الجزيئي الفرامي) و GPT عضلات الأرنب المخططة[25] ($١٣,٣ \times ١٠^{-٣}$ من الوزن الجزيئي الفرامي) .

أما قيم Km α-Ketoglutarate لمتناظرى GPT I و II من مصل الدم البشرى فكانت $١,١ \times ١٠^{-٣}$ من الوزن الجزيئي الفرامي (شكل ١٠أ ، ١٠ب) للمتناظر I و $١,٦٦ \times ١٠^{-٣}$ من الوزن الجزيئي الفرامي (شكل ١١أ ، ١١ ب) للمتناظر II وهذه القيم مساوية لقيمة Km لـ GPT كبد الفأر[24] ($١,١ \times ١٠^{-٣}$ من الوزن الجزيئي الفرامي) للمتناظر I ومقاربة لقيمة Km لـ GPT سرطان الماء[25] ($١,٣٣ \times ١٠^{-٣}$ من الوزن الجزيئي الفرامي) .

بما ان الـ GPT له مادتي أساس ضرورية لتفاعله ، لذا يمكن التعبير عن هذا التفاعل بالمعادلة التالية [53] .

$$\frac{V}{V_{max}} = \frac{(S_1)}{Km_1 + (S_1)} \times \frac{(S_2)}{Km_2 + S_2} \qquad (1)$$

حيث تمثل S_1 ، S_2 تراكيز مادتي الأساس و Km_1 , Km_2 لهما على التوالي . يلاحظ في هذه المعادلة بأنها تمثل حاصل ضرب قيمتين لمعادلة ميكيلس ـ منتن الآنفة الذكر . لذا فمن الممكن الحصول على قيمة Km_1 ، بوجود تراكيز مختلفة من هذه المادة S_1 ، في تركيز أمثل للمادة الأساس الثانية . وكذلك هي الحال بالنسبة الى Km_2 حيث بالامكان ايجاد قيمتها ، بوجود تراكيز مختلفة في المادة الأساس S_2 ، في تركيز أمثل لـ S_1 ، وفي الحالتين المذكورتين أعلاه يمكن القول بأن المعادلة (١) سوف تختصر الى معادلة ميكيلس ـ منتن ، أي :

$$\frac{V}{V_{max}} = \frac{S}{Km + S}$$

بما ان ميل كل مادة أساس ، في هذه الحالة ، للاتحاد مع الانزيم لاتعتمد على اتحاد الانزيم مع مادة الأساس الاخرى ، لذا يمكن القول بأن القيمة الحقيقية لـ Km يمكن ايجادها ، كما ذكرنا أعلاه ، عند تغير تركيز أحد مادتي الأساس ، في تركيز أمثل للمادة الأساس الاخرى ، والعكس بالعكس .

٢ — تأثير درجة الاس الهيدروجيني على متناظرى GPT I و II

ان لدرجة الاس الهيدروجيني أثر واضح على معدل سرعة التفاعل المحفز بالانزيمات بصورة عامة مع اختلافات خاصة تتبع طبيعة الانزيم وتركيبه الكيميائي وبالتالي مايحمله من مجاميع آيونية ٠ وبصورة عامة فأن الانزيمات تحتفظ بنشاطها في حيز محدود من درجات الاس الهيدروجيني وفي معظم الحالات فأن لكل أنزيم درجة أس هيدروجيني مثلى ثابتة ٠ ان سبب وجود درجة أس هيدروجيني مثلى للانزيمات يعود ، وحسبما يعتقد ، الى واحد أو اكثر من الاسباب التالية :

١ — تأثير عكسي على السرعة القصوى ٠

٢ — تأثير درجة الاس الهيدروجيني على الميل (الالفة) ، بحيث ان انخفاض الفاعلية على طرفي درجة الاس الهيدروجيني المثلى ، قد يعزى أما الى عدم تشبع الانزيم بمادته الاساس أو الى قلة الالفة ٠

٣ — تأثير درجة الاس الهيدروجيني بما يسبب تلف أو تغير في الجوهر الطبيعي للانزيم (54) ٠

وعليه فعند دراسة العلاقة بين سرعة التفاعل المحفز بالمتناظرين I و II لوحظ ان درجة الاس الهيدروجيني المثلى للمتناظر I كانت ٤ر٧ وللمتناظر II ٨ر٧ كما يتضح ذلك من شكل (١٢) ٠

أما الشكل (١٣) فيوضح العلاقة بين log V و pH ومنه يمكن

استخراج ثوابت التفكك للأحماض الأمينية الموجودة في المركز النشط للانزيم أو بقربه • ومن القيم الموضحة في هذا الشكل يتبين بأن الحمض الأميني المتوقع وجوده في المركز النشط لمتناظرى GPT I و II قد يكون cystine أو histidine (55) .

ان قيم ثوابت التفكك (pK) في الدراسات الحركية للانزيم تساعد على ربط المعلومات التي نتوصل لها من قيم (pK) مع البراهين الأخرى لاستنتاج المجاميع الحقيقية المتأينة وتبقى هناك ملاحظة مهمة يجدر ذكرها الا وهو وجود تعقيدات كثيرة من المهم مراعاتها عند دراسة (pK) حيث انها تؤثر تأثيرا مباشرا عليها وهذه هي :

١ — تغير في شحنة البروتين (56)

٢ — وجود مجموعة مشحونة مجاورة (57)

٣ — أو قد يكون هناك تأين في مادة الأساس نفسها (59)(58)

٤ — تأثير المحاليل المنظمة المستعملة (61)(60)

٥ — ربما هناك خطوات متوازنة تسبق الخطوة المحددة للسرعة (rate determining step) (62) .

٣ — تأثير درجة الحرارة على سرعة التفاعل

تمت دراسة تأثير درجات حرارة التفاعل المختلفة والتي تتراوح بين ١٠°م — ٧٠°م على نشاط متناظرات GPT I و II في مصل دم الأصحاء حيث يبين الشكل (١٤) ان درجة حرارة التفاعل المثلى للمتناظر I و II كانت ٥٥°م ويفقد المتناظران فعاليتهما في

٧٠°م وذلك لحصول عملية اتلاف الجوهر الطبيعي لجزيئة البروتين حيث يتغير الترتيب الهندسي الفراغي بصورة لاعكسية مع فقدان الفعالية التحفيزية (49) .

ليس هناك دراسة سابقة في الأدبيات تبين تأثير درجة حرارة التفاعل على نشاط متناظرات الـGPT I وII في مصل الدم البشرى ، ولكن درجة الحرارة للتفاعل المثلى والمستعملة في قياس النشاط ، كانت ٣٧°م بأعتبارها درجة حرارة الجسم الفسيولوجية .

ان الشكلين (١٥ ، ١٦) يوضحان العلاقة بين لوغاريتم السرعة القصوى لكل من المتناظرين I وII ومعكوس درجة الحرارة المطلقة والتي تعطي خطا مستقيما ، حيث تتبع معادلة أرينيوس التالية :

$$\ln K = \frac{-E}{RT} + \text{Constant}$$

وبهذا فمتناظرى الـGPT I و II يخضعان لمعادلة أرينيوس حتى درجة ٥٥°م .

وقد تم حساب الطاقة المنشطة للتفاعل Ea ، وذلك بتعيين ميل الخط البياني للشكلين (١٥ ، ١٦) والمتمثل بالمعادلة التالية : (63)

$$\text{Log } K = - \frac{Ea}{2.3\ R} \left(\frac{1}{T}\right) + \text{Log } A$$

بحيث ان ميل الخط البياني يكون :

$$\frac{-Ea}{2.3\ R}$$

ان مقدار تأثير درجة الحرارة يحدد بواسطة معامل درجة الحرارة والذى يعرف بأنه النسبة بين سرعة التفاعل في درجة $t + 10^{o}$ وسرعته في درجة t ويرمز له بـ Q_{10}

$$Q_{10} = \frac{K_t + 10}{K_t}$$

حيث تمثل $K_t + 10$ و K_t ، سرعة التفاعل بدرجة $t + 10^{o}$ و t ، على التوالي وهذا فأن Q_{10} هو المعامل الذى تزداد به سرعة التفاعل بزيادة درجة الحرارة ١٠ْم ٠

ويمكن تعيين Q_{10} من الشكلين (١٥ ، ١٦) من المعادلة التاليـــة :

$$Ea = \frac{2.3\ R\ T_2T_1\ \log Q_{10}}{10}$$

وكما يبين الجدول (٣) فأن قيم معامل درجة الحرارة Q_{10} لتفاعلات متناظرى GPT I و II تقع بين ١ ــ ٢ وبهذا فالنتائج هذه تطابق الحقيقة القائلة بأن قيم معامل درجة الحرارة للتفاعلات الانزيمية تقع بين ١ ــ ٢ (64).

٤ ــ <u>خصوصية المادة الاساس (+)DL-Alanine</u>

يختلف ميل الـ GPT للتفاعل بأختلاف المواد (23),(22),(1)

كما وأن علاقة متناظرات الانزيم بالمواد الاساس المختلفة تعتبر أحدى الطرق المستعملة لاكتشاف هذه المتناظرات لأن تأثير هذه

المتناظرات يتفاوت فكل متناظر له ميل للتفاعل مع مادة ما بصورة تختلف عن تفاعله مع مادة أخرى (65).

وعند رجوعنا الى الجدول (٤) نجد ان المتناظرين I و II لا يتفاعلان كليا مع كل من L-glutamate و L-Asparagine كما وان التفاعل مع كل من N-glycylglycine و L-Cysteine يكاد يكون معدوما حيث بلغت النسبة المئوية للكبت للمتناظرين I و II ٣٣ ر٩١٪ و ٨ ر٨١٪ بالنسبة الى N-glycylglycine، ٣ ر٩٧٪ و ١٧ ر٩٤٪ بالنسبة ل L-cysteine وعلى التوالي، كما تفاوتت نسبة الكبت مع المواد الأخرى المستعملة.

ان خصوصية الانزيم تجاه المواد الأساس المختلفة يمكن تفسيرها اعتمادا على نظرية (Induced fit) المقترحة من قبل Koshland (66) والتي تفترض قابلية المركز النشط على وضع المادة الأساس ضمنه بدقة لأن هذا المركز مرنا وشكله الهندسي، الفراغي عرضة للتغيير اعتمادا على المادة الأساس المتفاعلة.

وعليه ففي حالة اتحاد هذه المواد مع المركز النشط للانزيم والمسؤول عن DL-alanine(+) فأنها بذلك تسبب تغييرا في الشكل الهندسي الفراغي للمركز النشط المجاور والمسؤول عن α-Ketoglutarate بحيث تكون حصيلة هذا التغيير انخفاض أو ارتفاع في فعالية الانزيم أو متنا لراته.

٥ - كبت متناظرات GPT I, II

لقد ذكرنا سابقا (الفصل الاول - الجزء ٥ - هـ) ان GPT كبد الفأر يكبت بواسطة متشابهات المادة الأساس ومنها حمض maleic وان هذا الكبت تنافسيا حسب ما أورده Jenkens et al (31) وغير تنافسيا حسب ما أورده Velick & Vavra (32) لنفس الانزيم والمصدر .

وعليه فقد استخدمنا في بحثنا هذا حمض maleic للوقوف على تأثيره تجاه متناظرى ال GPT I و II من مصل الدم البشرى للأصحاء حيث لم ترد أية اشارة بهذا الخصوص .

وقد استعملت طريقتان لتعيين نوع الكبت وثوابته لمادتي الأساس DL-alanine(+) و α-Ketoglutarate للمتناظرين I و II وهما :

١ - طريقة لنويفر - بورك برسم $\frac{1}{V}$ ضد $\frac{1}{S}$.

٢ - طريقة هانز التي تتضمن رسم " تركيز المادة الأساس مقسوما على سرعة التفاعل مع تركيز المادة الأساس " $\frac{S}{V}$ ضد S والتي يمكن اشتقاق معادلته من معادلة ميكيلس - منتن كالتالي :

$$(1) \quad \frac{V}{V_{max}} = \frac{S}{Km + S}$$

$$(2) \quad \frac{V}{S} = \frac{V_{max}}{Km + S}$$

وعنـد قلب المعادلة (٢) تصبـح

$$(3) \qquad \frac{S}{V} = \frac{Km}{V_{max}} + \frac{S}{V_{max}}$$

بحيـث عنـد رسـم $\frac{S}{V}$ ضـد S نحصـل على خط مسـتقيم ميلـه مقلـوب السـرعة القصـوى $\frac{1}{V_{max}}$ ونقطـة تقاطعـه مـع محـور السـينات تسـاوى (Km-)

أما نقطـة تقاطعـه مـع محـور الصـادات فتكون $\frac{S}{V}$ (67)

لقـد اتضـح لنـا ان كبـت المتناظرين I و II بواسطة حمـض maleic بالنسـبة للمـادة الاسّـاس (+)DL-alanine هـو مـن النـوع اللا تنافسـي (شـكل ١٧، ١٨ للمتنـاظر I وشـكل ١٩، ٢٠ للمتنـاظر II) عنـد وجـود تركيزيـن للكابـت (٣ × ١٠$^{-٣}$ و ٨ × ١٠$^{-٣}$ مـن الـوزن الجزيئـي الغرامـي) كمـا اسـتخرجت ثوابـت الكبـت Ki حسـب الجـدول ــ ٥٠٠

بالرغـم مـن عـدم اشـارة الادبيـات الى أيـة دراسـة عـن نـوع الكبـت لمتناظـرات GPT I و II للمصـل البشـرى الطبيعـي ، فـان هـذه النتائـج تطابـق تلـك المسـتخرجة لـ GPT قلـب البقـر (22) حيـث ورد ان كبـت حمـض maleic يكون لاتنافسـيا لـ (+)DL-alanine بكافـة تراكيزه المسـتعملة. ان الآليـة المقترحـة لهـذا النـوع مـن الكبـت تتمثـل بمـا يلـي :

$$GPT + Alanine \xrightleftharpoons{Ks} GPT\text{-}Alanine \longrightarrow GPT + Pyruvate$$
$$\underset{I}{+}$$
$$\Big\updownarrow Ki$$
$$GPT\text{-}Alanine\text{-}I$$

حيـث تمثـل I الكابـت (حمـض maleic)

وقد ذكرت لهذه الآلية معادلات السرعة التالية :

$$(1) \qquad V = \frac{V\ (s)}{Km + (s)\ (1 + \frac{I}{Ki})}$$

وعند قلب المعادلة هذه نحصل على :

$$\frac{1}{V} = \frac{Km}{V} \cdot \frac{1}{S} + (1 + \frac{I}{Ki}) \cdot \frac{1}{V}$$

لذا فعند رسم مقلوب السرعة ضد مقلوب تركيز المادة الأساس $\frac{1}{V}$ Vs. $\frac{1}{s}$ نحصل على خط مستقيم يقطع محور السينات في :

$$- \frac{1}{K_m\ app.} = - \frac{1 + \frac{I}{Ki}}{K_m}$$

كما هو مبين في الأشكال (١٧ ، ١٩)

ولو ضربنا طرفي المعادلة (٢) بتركيز المادة الأساس s نحصل على :

$$\frac{S}{V} = \frac{Km}{V} + S(1 + \frac{1}{Ki}) \cdot \frac{1}{V}$$

فعند رسم " تركيز المادة الأساس مقسوما على سرعة التفاعل $\frac{S}{V}$ " ضد تركيز المادة الأساس S نحصل على خط مستقيم يقطع محور السينات في :

$$-\text{Km app.} = -\frac{\text{Km}}{1 + \dfrac{I}{K_i}}$$

كما في الاشـــكال (١٨ ، ٢٠) .

أمـا بالنسـبـة لـ α-Ketoglutarate فقـد وجـد أن حمض maleic بتركيزيــه يسـبب كبتــا تنافسيا لمتنـاظـري GPT I و II ، للمصل البشــرى الطبيعـي ، فـي كافـة تراكيـز α-Ketoglutarate المسـتـعملة وهذا يتفـق مـع الدراسـة التي أُجريت على GPT قلـب البقـر [22] وقـد اقترحت الآليــــة التاليـــة لهذا النـوع مـن الكبـت [69] :

$$\text{GPT} + \alpha\text{-Ketoglutarate} \underset{}{\overset{K_s}{\rightleftharpoons}} \text{GPT-}\alpha\text{-Ketoglutarate}$$

$$+$$

$$I$$

$$\Big\updownarrow K_i \qquad\qquad\qquad \longrightarrow \text{GPT} + \text{glutamate}$$

$$\text{GPT-I}$$

حيــث يمثل I ، الكابـت وهو حمـض، maleic .

وتكـون معـادلة السـرعة لهـذه الآليـة كالآتـي :

$$(4) \qquad v = \frac{V(S)}{(S) + \text{Km}\left(1 + \dfrac{I}{K_i}\right)} \qquad\qquad \frac{V_i}{V} = \frac{S}{\text{Km app.} + S}$$

حيث تمثـل V_i سـرعة التفاعل بوجـود الكابـت

و .Km app تمثـل $\quad \text{Km}\left(1 + \dfrac{I}{K_i}\right)$

عند قلب هذه المعادلة نحصل على :

$$(5)\qquad \frac{1}{v} = \frac{1}{V} + \frac{Km\ app}{V} \cdot \frac{1}{S}$$

بحيث عند رسم العلاقة بين مقلوب السرعة $\frac{1}{V}$ ومقلوب المادة الأساس $\frac{1}{s}$ نحصل على خط مستقيم يقطع محور السينات في :

$$-\frac{1}{Km\ app} = -\frac{1}{Km(1 + \frac{I}{K_i})}$$

كما هو مبين في الأشكال (٢١ ، ٢٢)

ولو ضربنا طرفي المعادلة (٤) بـ $\frac{s}{v}$ نحصل على :

$$(7)\qquad S + Km\ (1 + \frac{I}{Ki}) = V(\frac{s}{v})$$

بحيث عند رسم $\frac{s}{v}$ ضد s نحصل على خط مستقيم يقطع محور السينات في :

$$(8)\qquad -Km\ app = -\ Km\ (1 + \frac{I}{Ki})$$

كما في الأشكال (٢٣ ، ٢٤)

وقد استخرجت قيم الثابت K_i لـ α-Ketoglutarate كما يوضح ذلك جدول (٦) .

ان حركية الكبت التي ذكرناها لمادتي أساس الـ GPT بمتناظريه I و II تبين انه بما أن حمض maleic قد سبب كبتا لا تنافسيا

ل DL-alanine(+) وكبتـا تنافسـيا لـ α-Ketoglutarate لمتناظـرى GPT I و II فهـذا يـدل على أن الكابـت يتحـد مـع الأنزيـم عندمـا يكون بهيئـة pyridoxamine فقـط وليـس مـع هيئـة الأنزيـم pyridoxal [22] .

ويبيـن الجـدول (٧) النسـب المئويـة للكبـت بحمـض maleic بتركيزه للمتناظريـن I و II .

٦ ـ دراسـة آليـة تفاعل المتناظرين I و II لـ GPT

في دراستنا هـذه أستعملت طريقـة رسم لنويفـر ـ بورك [51] لرسم النتائـج ، وتمثـل مقلوب السـرعة الابتدائيـة ضد مقلـوب تركيـز أى مـن مادتـي الأسـاس للمتناظـريـن .

يتضـح مـن الشـكلين (٢٥ ، ٢٦) ، واللذيـن يبينـان العلاقـة بيـن مقلـوب السـرعة الابتدائيـة المحفـزة بالمتناظرين I و II وعلى التوالـي ، ضـد مقلوب تركيـز DL-alanine(+) بأن مجموعة الخطـوط متوازيـة عنـد ثبـوت تركيـز الـ α-Ketoglutarate مما يـدل على ان التفاعـل المحفـز بهذيـن المتناظريـن يكـون وفـق الآليـة المقترحـة Ping Pong Bi Bi Mechanism وهـذا يتفـق مـع ماأورده Bulos & Handler [22] لـ GPT قلـب البقـر و Cleland [70] للأنزيمـات الناقلـة لمجموعـة الأميـن بصورة عامـة واستنادا الـى ذلـك يمكـن تمثيـل آليـة التفاعـل حسـب المخطط التالـي :

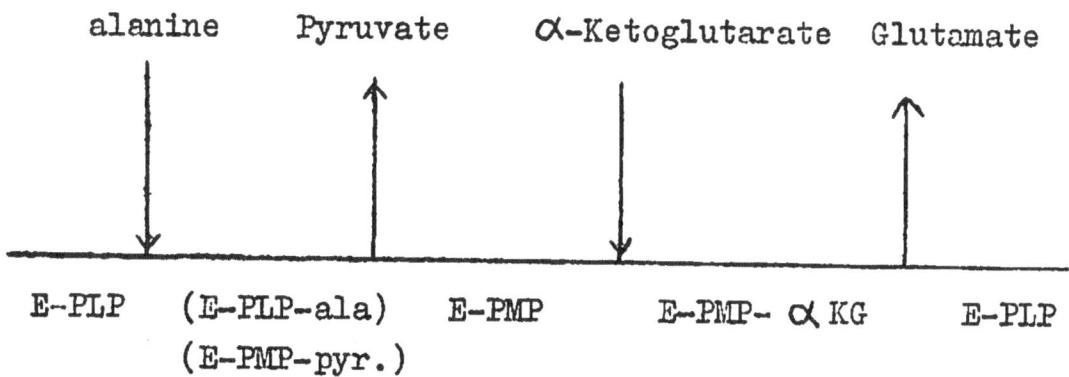

حيث تمثل E-PLP و E-PMP صورتين للانزيم هما pyridoxal-5-phosphate و pyridoxamine-5-phosphate على التوالي . أما E-PLP-ala. ، E-PMP-pyr. و E-PMP- α KG فتمثل معقد الانزيم – مادة الاساس alanine، معقد الانزيم – والناتج pyruvate واخيرا معقد الانزيم – مادة الاساس α-Ketoglutarate وحسب الترتيب (22)(70) .

كما وان هذا التسلسل للمخطط أعلاه يمكن أن يقطع عند E-PMP ليمثل كالاتي :

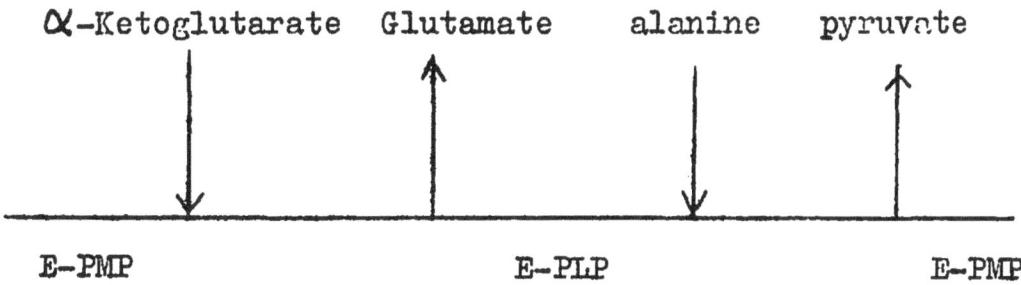

أما الشكلين (٢٧ ، ٢٨) للمادة الأساس α-Ketoglutarate للمتناغرين I و II على التوالي ، فيمثلان انحرافا عن التوازى الملاحظ في الشكلين (٢٥ ، ٢٦) في التراكيز العالية من المادة الأساس DL-alaninc(+) سببه يعود الى الكبت المسبب في هذه التراكيز للحمض الأميني على سرعة التفاعل ٠

الخلاصـــــــــــة

أولا : تم فصل وتنقية متناظرين للأنزيم GPT من مصل الدم البشري الطبيعي بأستعمال طريقة كروماتوغرافيا بسيطة ، تعتمد على استخدام الجل المبادل للآيونات السالبة DEAE-Sephadex A-50 .

ثانيا : حركة متناظرات الأنزيم GPT في درجة ٣٧°م :

١ - العلاقة بين تراكيز المواد الأساس (DL-alanine(+) و α-Ketoglutarate) للمتناظرين I و II يخضعان الى معادلة ميكيلس - منتن .

٢ - تم الحصول على التراكيز المثلى للمواد الأساس للمتناظرين وأستخرجت قيم Km لهما بمادتيهما الأساس .

٣ - يخضع المتناظرين لمعادلة أرينيوس حتى درجة ٥٥°م .

٤ - أستخرجت درجات الأس الهيدروجيني للمتناظرين فكانت ٧,٤ للمتناظر I و ٧,٨ للمتناظر II .

٥ - اختلفت خصوصية المتناظرين تجاه المواد المختلفة والمستعملة كمواد أساس وذلك بحساب نسبة الكبت المسبب عنها .

٦ — يثبط حمض maleic المتناظرين بصورة لاتنافسية بالنسبة للمادة الأساس DL-alanine(+) وتنافسية للمادة الأساس α-Ketoglutarate .

٧ — تمت دراسة آلية تفاعل المتناظرين مع مادتي الأساس فأقترحت آلية Ping Pong Bi Bi Mechanism .

REFERENCES

1- Green, D.E; Leloir, L.F. AND Nocito, V.,(1945) J. Biol. chem. 161, 559.

2- Sarkar,N.K., (1974) Int.J.Biochem. 5(4), 375.

3- Damitru,I.F.,Iordachescu, D.,Niculescu, S.;(1970) Rev. Roum.Biochem.7(1), 31.

4- Yu,M.H., Spencer, M., (1970)Phytochemistry 9(2) , 341.

5- Gosling,J.P., Fottrell,P.F.,(1973)Biochem.Soc. Trans. 1(1), 252.

6- Fair,D.S.,Krassner,S.M., (1971) J.Protozool.18(3), 441,.

7- Wroblewski,F. AND La Due,J.S.,(1956) Ann.intern. Med. 45, 801.

8- Wroblewski,F., AND La Due,J.S.,(1956) Proc.Soc.exp. Biol. Med. 91, 569.

9- Koj,A.; zgliczynski, J.M. AND Frendo,J.,(1960)clin. chim.Acta 5, 339.

10- Wootton ,I.D.P., (1964) in"Micro-Analysis in Medical
Biochemistry" 4th ed.,p.108-109,J.&A.church-
ill,LTD., London.

11- Wilkinson,J.H.,(1970) in "Isoenzymes" 2 nd ed.,
Champman & Hall LTD.

12- Yamada,K.;Sowaki,S.,Fukumura,A.,AND Hayashi,M.,(1962)
J.Vitaminol. 8(4), 286.

13- Mane,S.D.,Mehrotra,K.N.,(1976) Experienta 32(2),154.

14- Rech.,J.,Crouzet,J.,(1974)Biochem.Biophys.Acta 350
(2), 392.

15- Ortanos,A.P.,Gabrieli,E.R.; AND Pragay,D.A.,(1970)
Res. Commun.chem.Pathol. Pharmacol.1(2),
266.

16- Wilkinson,J.H.,(1976)in"Principles and Practice of
Diagnostic Enzymology"p.93-94, Edward Arnuld,
London.

17- Tohanzy,N.E.,White,N.G.AND Umbreit, W.W.,(1950)
Arch.Biochem. 27,36.

18- Caldwell, E.F., AND McHenry,E.W.,(1953) Arch. Bioch-
em. 45,97.

19- Beaton,G.H.,Curry,D.M.,AND Vean, M.J.,(1957)Arch.
Biochem. 70, 288.

20- Reitman,S., AND Frankel,S.,(1957) Amer. J. Clin.
Pathol. 28, 56.

21- Florkin,M.,AND stotz,E.H.,in" Comprehensive Bioch-
emistry" Vol.13,2nd ed.,p. 107,Elsevier,
N.Y., London & Amsterdam.

22- Bulos,B.AND Handler,P.,(1965) J.Biol. chem. 240(8),
3283.

23- Segal,H.L., Beatie,D.S., AND Hopper,S.,(1962) J.
Biol. chem. 237, 1914 .

24- Segal,H.L.,And Matsuzawa,T., (1970) in"Methods in
Enzymology" Vol. XVII A.p.,157. Academic
Press. N.Y. a London.

25- Orlicky,J.,Ruscak,M., (1977) Comp. Biochem. Physi-
ol. 56(1-B), 71.

26- Jung.K.,Egger,E.(1975) Clin.Chim. Acta 64(3 ,329.

27- Segal,H.L., Abraham,G.J.,AND Matsuzawa,T.,(1968)
Biochem.Biophys.Res.Commun.30(1),63.

28- Orlicky,J.,Ruscak,M.,(1975) Brastil.Lek.Listy,63 (1),53.

29- Orlicky,J.,Ruscak,M.,(1976) Physiol.Bohemoslov. 25(3), 223.

30- Saier,M.H.,J.R.,AND Jenkens,W.T.,(1976)J.Biol. chem. 242(1), 91.

31- Jenkens,W.T., yphantis,D.A.AND Sizer,I.W.,(1959), J.Biol. chem. 234,51.

32- Velick,S.F.,AND Vavra,J.,(1962),J.Biol. chem.237, 2109.

33- Hopper,S., AND Segal, H.L.,(1962) J.Biol. chem. 237,3189.

34- Gould,B.J.,Denkens,P.D.,Smith,M.J.H., AND Laurence, A.J., (1966) Mol. Pharmacol. 2(6), 526.

35- Lysiak,W.,Pienkowska-Vogel,M.,Szutowicz,A.,AND Angielski,S.,(1974)Neurochem.22(1), 77.

36- Wong,D.T., Fuller,R.W.,Mollloy,B.B.,(1973)Advan. Enzyme Regul. 11,139 .

37- Ruscak,M.,Orlicky,J.,(1975)Physiol.Bohemoslov. 24
(6), 543 .

38- Kalckar,H.M.,(1947),J.Biol. chem. 167,461.

39- Gebott,M.D.,(1973), in"Microzone Electrophoresis
Manual", Beckman instruments, California.

40- ZiegenBein,R.,(1966) Nature, 212, 935 .

41- Davidson,I.,AND Henry,J.B. (1974) in "Clinical Dia-
gnosis by Laboratory Method" 15th ed.,p.
837, Saunders, Philadelphia.

42- Latner,A.L.,(1975) in"Clinical Biochemistry", 7 th
ed., p. 574, Saunders, Philadelphia .

43- Latner,A.L.,AND Skillen, A.W. (1968) in"Isoenzymes
in Biology and Medicine", 1st . ed., p.
146, Academic Press, London .

44- Henry,L. (1959), J.,clin.Path., 12, 131.

45- Chimsky,M.,Wolff,R.J., AND sherry S. (1957) Am.J.
Med. Sci., 233, 400 .

46- Boyd,J.W.,(1962) clin. chim. Acta , 84, 424 .

47- Fleisher,G.A. (1960) Fed.Proc. 19, 6 .

48- Wilkinson,H.J.,(1966), in "Isoenzymes" p.95, J.B. Lippincott Co., Philadelphia .

49- Cornish-Bowden,A.(1976) in"Principles OF Enzyme Kinetics", 1st. ed., p. 120, Butter Worth, London .

50- Segel,I.H. (1975 in "Enzyme Kinetics", 1st. ed., p. 385, John Wiley a Sons, New York.

51- Lineweaver,H.,AND Burk,D.,(1934) J.Am. chem. Soc. 56, 658 .

52- Hanes,C.S., (1932) , Biochem.J. 26, 1406 .

53- Dixon,M., AND Webb,C.E., (1966) in "Enzymes", 2nd ed., p. 70, Longmans, London.

54- Dixon,M.,AND Webb,C.E.(1966) in "Enzymes" 2nd ed., p. 116, Longmans, London .

55- D.E.Koshland,JR., in F.F. Nord,(1960)in "Advances in Enzymology" Vol. XXII, p.57, Interscience, London.

56- Cannan,R.K., Palmer,A.H., AND Kibrick,A.C. (1942).

J. Biol. chem. 142, 803.

57- Cohn,E.J., AND Edsall, J.T.(1943) . Proteins,Amino

Acids and Peptides as Ions and Dipolar

Ions, Reinhold, New York.

58- Alberty,R.A., in F.F. Nord,(1956) in"Advances in

Enzymology", Vol. XVII, p.1, Interscie-

nce, New York,- London .

59- Chance,B., (1952)J. Biol. chem., 194, 471.

60- Frieden,C.,AND Alberty,R.A., (1955) J.Biol. chem.

212, 859 .

61- Johnson,F.H.,Eyring,H.,Steblay,R., Chaplin,H.,

Huber,C., AND Gherardi, G., (1945),

J., Gen., Physiol., 28, 463 .

62- Bruice,T.C., AND Schmir, G.L., (1959) J.,Am.chem.

Soc. 81, 4552 .

63- Segel,I.H., (1975) in "Enzyme Kinetics", 1st. ed.,

p. 926, John Wiley a Sons, New York .

64- Dawes,E.A. (1964)in"Comprehensive Biochemistry"
    (Florkin, M.,AND stotz, E.H.) Vol. 12,
    p.104, Elsevier, Amsterdam.

65- Scotto,P.,AND Soadri, V.(1965) Biochem.J. 95,657 .

66- Koshland,D.E. (1958) Proc. Nat. Acad. Sci., U.S.A.,
    44, 98.

67- Westley,J. (1969) in "Enzymic catalysis", p.30,Har-
    per & Row,N.Y. Evanston & London .

68- Webb,J.L.(1963) , in "Enzyme AND Metabolic Inhibitors,
    Vol. 1, p. 160, Academic Press, New York a
    London .

69- Dixon,M., AND Webb,C.E. (1966) in "Enzymes", 2nd ed.,
    p. 75, Longmans, London .

70- Cleland,W.W, (1963) Biochim. Biophys. Acta 67,104.